中 等 职 业 学 校 机 电 类 规 划 教 材

ZHONGDENG ZHIYE XUEXIAO JIDIANLEI GUIHUA JIAOCAI

机电技术应用专业系列

电器与PLC控制技术

张凤林 主编

MECHATRONIC TECHNOLOGY

人 民 邮 电 出 版 社

北 京

图书在版编目（CIP）数据

电器与PLC控制技术 / 张凤林主编. -- 北京 : 人民邮电出版社, 2010.9
中等职业学校机电类规划教材. 机电技术应用专业系列
ISBN 978-7-115-23419-3

Ⅰ. ①电… Ⅱ. ①张… Ⅲ. ①电气设备－自动控制－专业学校－教材②可编程序控制器－专业学校－教材
Ⅳ. ①TM762

中国版本图书馆CIP数据核字(2010)第137954号

内 容 提 要

本书把电器与 PLC 控制技术分为低压电器控制模块、基本指令模块、步进指令模块和功能指令模块 4 个项目进行编写，每个项目下面通过几个任务将理论与实践知识结合起来，有利于提高学生的学习效率和实践操作技能。

本书可作为职业学校机电技术应用、电气运行与控制、电子技术应用等专业教材，还可作为相关技术人员的参考用书。

中等职业学校机电类规划教材
机电技术应用专业系列
电器与 PLC 控制技术

◆ 主　　编　张凤林
　 责任编辑　李海涛
◆ 人民邮电出版社出版发行　　北京市崇文区夕照寺街 14 号
　 邮编　100061　　电子函件　315@ptpress.com.cn
　 网址　http://www.ptpress.com.cn
　 北京鑫正大印刷有限公司印刷
◆ 开本：787×1092　1/16
　 印张：10　　　　　　　　2010 年 9 月第 1 版
　 字数：251 千字　　　　　2010 年 9 月北京第 1 次印刷

ISBN 978-7-115-23419-3

定价：20.00 元

读者服务热线：(010)67170985　印装质量热线：(010)67129223
反盗版热线：(010)67171154

丛书前言

我国加入 WTO 以后，国内机械加工行业和电子技术行业得到快速发展。国内机电技术的革新和产业结构的调整成为一种发展趋势。因此，近年来企业对机电人才的需求量逐年上升，对技术工人的专业知识和操作技能也提出了更高的要求。相应地，为满足机电行业对人才的需求，中等职业学校机电类专业的招生规模在不断扩大，教学内容和教学方法也在不断调整。

为了适应机电行业快速发展和中等职业学校机电专业教学改革对教材的需要，我们在全国机电行业和职业教育发展较好的地区进行了广泛调研；以培养技能型人才为出发点，以各地中职教育教研成果为参考，以中职教学需求和教学一线的骨干教师对教材建设的要求为标准，经过充分研讨与精心规划，对《中等职业学校机电类规划教材》进行了改版，改版后的教材包括 6 个系列，分别为《专业基础课程与实训课程系列》、《数控技术应用专业系列》、《模具制造技术专业系列》、《计算机辅助设计与制造系列》、《电子技术应用专业系列》和《机电技术应用专业系列》。

本套教材力求体现国家倡导的"以就业为导向，以能力为本位"的精神，结合职业技能鉴定和中等职业学校双证书的需求，精简整合理论课程，注重实训教学，强化上岗前培训；教材内容统筹规划，合理安排知识点、技能点，避免重复；教学形式生动活泼，以符合中等职业学校学生的认知规律。

本套教材广泛参考了各地中等职业学校的教学计划，面向优秀教师征集编写大纲，并在国内机电行业较发达的地区邀请专家对大纲进行了多次评议及反复论证，尽可能使教材的知识结构和编写方式符合当前中等职业学校机电专业教学的要求。

在作者的选择上，充分考虑了教学和就业的实际需要，邀请活跃在各重点学校教学一线的"双师型"专业骨干教师作为主编。他们具有深厚的教学功底，同时具有实际生产操作的丰富经验，能够准确把握中等职业学校机电专业人才培养的客观需求；他们具有丰富的教材编写经验，能够将中职教学的规律和学生理解知识、掌握技能的特点充分体现在教材中。

为了方便教学，我们免费为选用本套教材的老师提供教学辅助光盘，光盘的内容为教材的习题答案、模拟试卷和电子教案（电子教案为教学提纲与书中重要的图表，以及不便在书中描述的技能要领与实训效果）等教学相关资料，部分教材还配有便于学生理解和操作演练的多媒体课件，以求尽量为教学中的各个环节提供便利。

我们衷心希望本套教材的出版能促进目前中等职业学校的教学工作，并希望能得到职业教育专家和广大师生的批评与指正，以期通过逐步调整、完善和补充，使之更符合中职教学实际。

欢迎广大读者来电来函。

电子函件地址：lihaitao@ptpress.com.cn, liushengping@ptpress.com.cn

读者服务热线：010-67143761, 67132792, 67184065

前　言

可编程序控制器是以微处理器为基础，综合计算机技术、电子应用技术、自动控制技术以及通信技术发展起来的新型工业自动化控制装置。可编程序控制器自问世以来，经过了30多年的发展，已成为许多发达国家的重要产品，近些年来在国内也得到了全面的应用。可编程序控制器的应用与推广，使工业自动化控制进入了新的阶段。为满足职业院校及社会的需求，编者结合职业院校教学情况及自身经验特编写《电器与PLC控制技术》一书。

本书在编写过程中，总结了几年来电器与PLC控制技术课程的理论和实践教学经验，打破了以往教材的编写思路，根据当前我国职业教育中“基于工作过程”的课程改革理论，采用“项目驱动，任务导向”的总体编写思路，注重职业能力的培养。

本书共分为4个项目。

项目一：低压电器控制模块。该部分以三相异步电动机的控制线路为主线进行编写。

项目二：基本指令模块。该部分以FX_{2N}系列PLC的基本指令为主线进行编写。

项目三：步进指令模块。该部分以两个任务为主线进行编写，主要训练PLC的步进指令应用能力。

项目四：功能指令模块。该部分以两个任务为主线进行编写，主要训练PLC的功能指令应用能力。

本课程的教学时数为118学时，各部分的参考教学课时见以下的课时分配表。

课程内容	课时分配	
	讲　授	实践训练
项目一　低压电器控制模块	20	20
项目二　基本指令模块	10	20
项目三　步进指令模块	10	20
项目四　功能指令模块	8	10
课　时　总　计	118	

本书由河北省技师学院张凤林任主编，并编写项目一，江丽编写项目二中任务一～任务五，李会英编写项目二中的任务六～任务九，刘晓旋编写项目三，康娟编写项目四中的任务一，黄静编写项目四中的任务二，李会英老师对书中的程序进行了全部校验。本书的编写得到了河北省技师学院王增杰的指导和帮助，在此表示感谢。

由于编者水平有限，书中难免存在错误和不妥之处，恳切希望广大读者批评指正。

编　者

2010年7月

目　录

项目一　低压电器控制模块 …… 1

任务一　三相异步电动机的点动运行 …… 1

任务二　三相异步电动机的连续运行 …… 16

任务三　三相异步电动机的 Y-△降压起动 …… 26

任务四　接触器控制三相异步电动机的正反转运行 …… 37

任务五　三相异步电动机的反接制动 …… 42

思考与练习 …… 49

项目二　基本指令模块 …… 52

任务一　编程软件的应用 …… 52

任务二　PLC 控制三相异步电动机点动运行 …… 65

任务三　PLC 控制三相异步电动机连续运行 …… 72

任务四　PLC 控制三相异步电动机 Y-△减压起动 …… 75

任务五　水塔水位的 PLC 控制 …… 80

任务六　四节传送带的 PLC 控制 …… 86

任务七　轧钢机的 PLC 控制 …… 93

任务八　自动配料系统的 PLC 控制 …… 101

任务九　液体混合装置的 PLC 控制 …… 110

思考与练习 …… 116

项目三　步进指令模块 …… 119

任务一　LED 数码管的 PLC 控制 …… 119

任务二　十字路口交通灯的 PLC 控制 …… 126

思考与练习 …… 131

项目四　功能指令模块 …… 133

任务一　机械手的 PLC 控制 …… 133

任务二　运料小车的 PLC 控制 …… 142

思考与练习 …… 150

参考文献 …… 152

项目一

低压电器控制模块

电气控制线路是用导线将电机、电器、仪表等电气元件连接起来并实现某种要求，表达生产机械电气控制系统的结构、原理等设计意图，便于安装、调试和检修控制系统的电气线路。

在本项目的学习中，我们详细介绍低压电器控制三相异步电动机的基本操作，通过 5 个基本任务来掌握低压电器的控制原理、使用方法及简单的故障维修，并学习根据电气控制原理图连接实物电路的方法和技巧，最终使学生能够通过实验现象独立分析控制原理，并且能够掌握控制线路的设计思想。

任务一　三相异步电动机的点动运行

任务描述

利用接触器控制三相异步电动机的直接起动，使三相异步电动机通过手动操作按钮来实现点动控制。

点动即按下按钮时电动机得电转动，松开按钮时电动机断电停止转动。点动控制多用于机床刀架、横梁、立柱等快速移动和机床对刀等场合。

技能目标

- 熟悉按钮、刀开关、熔断器、接触器等低压电器的作用及工作原理。
- 能够识别三相异步电动机点动控制的电气原理图，并根据电气控制原理图进行实体电路连接。
- 掌握三相异步电动机点动控制的基本操作方法和故障处理。

知识准备

一、点动电气控制原理图

电气控制原理图包括**主电路**和**辅助电路**两大部分。**主电路**是指从电源到电动机的大电流通过的电路。**辅助电路**包括控制电路、照明电路及保护电路等部分，主要由按钮、照明灯、控制变压器及继电器的线圈、触点等电器元件组成。

本任务所研究的三相异步电动机点动电气控制原理图如图 1-1-1 所示。

表 1-1-1 所示为三相异步电动机点动电气控制原理图中的符号与实物对照图，请根据下表找出所需电器并对照控制原理图中的符号进行识别。

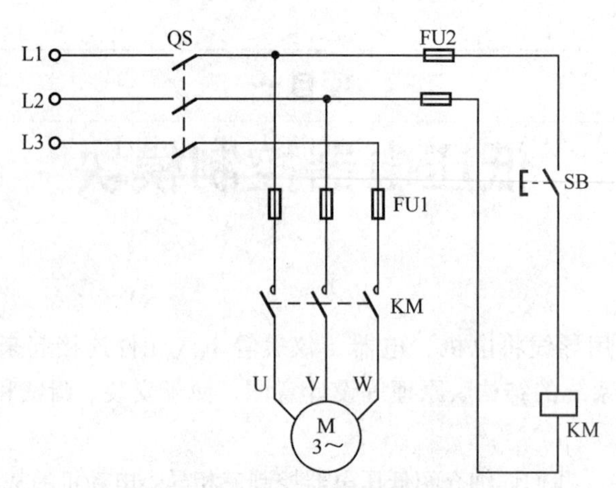

图 1-1-1　三相异步电动机点动控制原理图

表 1-1-1　　　　三相异步电动机点动电气控制原理图中的符号与实物对照图

名　称		符　号	实　物　图
三相交流电源		L1 L2 L3	插头　插座
三极刀开关		QS	
熔断器		FU1 FU2	
按钮		SB	
接触器	主常开触点	KM	
	线圈		
三相异步电动机		U V W M 3～	

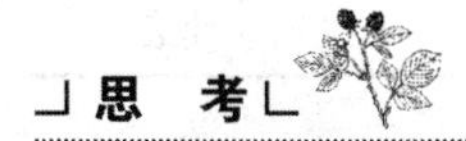

思　考

图 1–1–1 中哪些电器组成主电路，哪些组成辅助电路？

二、相关低压电器介绍

凡是对电能的产生、输送和应用起控制、保护、检测、变换与切换及调节作用的电气器具，统称为电器。其中**低压电器**是指交流额定电压 1 200V 及以下，直流额定电压 1 500V 及以下的电器。

1. 刀开关

刀开关是带有动触头—闸刀，并通过它与底座上的静触头—刀夹座相楔合（或分离），以接通（或分断）电路的一种开关。

刀开关在电路中的作用是：隔离电源，以确保电路和设备维修的安全；分断负载，如不频繁地接通和分断容量不大的低压电路或直接起动小容量电动机。刀开关是应用最广泛的一种手动控制电器。按电源极数可分为单极、双极和三极。在控制三相异步电动机时，我们使用三极刀开关。

关于刀开关的基本知识点介绍，如表 1-1-2 所示。

表 1-1-2　　刀开关的基本介绍

实物图			
结构图	1	静触头（刀夹座）	直接手柄操作式单极刀开关
	2	手柄	
	3	动触头（闸刀）	
	4	支座	
	5	绝缘底板	
图形和文字符号	单极	QS 或 QS	
	双极	QS	

续表

<table>
<tr><td>图形和文字符号</td><td>三极</td><td colspan="3">QS</td></tr>
<tr><td colspan="2">型号</td><td colspan="3">H□—□□—□/□□
① ② ③ ④ ⑤ ⑥</td></tr>
<tr><td rowspan="16">型号说明</td><td rowspan="3">①</td><td rowspan="3">类组代号</td><td>HD</td><td>单投刀开关</td></tr>
<tr><td>HS</td><td>双投刀开关</td></tr>
<tr><td>HK</td><td>开启式刀开关</td></tr>
<tr><td rowspan="4">②</td><td rowspan="4">设计代号</td><td>11</td><td>中央手柄式</td></tr>
<tr><td>12</td><td>侧方正面操作机构式</td></tr>
<tr><td>13</td><td>中央杠杆操作机构式</td></tr>
<tr><td>14</td><td>侧面手柄式</td></tr>
<tr><td rowspan="2">③</td><td rowspan="2">派生代号</td><td>B</td><td>外形尺寸较小</td></tr>
<tr><td>BX</td><td>带 BX 旋转手柄</td></tr>
<tr><td>④</td><td colspan="3">额定电流（A）</td></tr>
<tr><td>⑤</td><td>极数代号</td><td colspan="2">数字表示极数</td></tr>
<tr><td rowspan="5">⑥</td><td>0</td><td>不带灭弧罩</td><td></td></tr>
<tr><td>1</td><td>带灭弧罩</td><td></td></tr>
<tr><td>8</td><td>板前接线</td><td>中央手柄式</td></tr>
<tr><td>9</td><td>板后接线</td><td></td></tr>
<tr><td>若无此数字</td><td colspan="2">表示仅有一种接线方式</td></tr>
<tr><td colspan="2">操作方法</td><td colspan="3">当操作手柄向上闭合到位时，为合闸接通电路；当操作手柄向下扳动时，为分闸断开电路</td></tr>
<tr><td colspan="2" rowspan="2">选用原则</td><td colspan="3">① 额定电压、电流选择：额定电压大于等于线路额定电压；额定电流大于等于线路额定电流</td></tr>
<tr><td colspan="3">② 刀的极数要与电源进线相数相等</td></tr>
<tr><td colspan="2" rowspan="4">安装和使用的注意事项</td><td colspan="3">① 刀开关应垂直安装在控制屏上，合闸状态时手柄朝上，不得倒装或平装。否则，手柄有可能因自重力或振动下滑而引起误合闸，造成人身安全事故</td></tr>
<tr><td colspan="3">② 接线时，进线和出线不能接反，电源线接在上端，负载接在下端。这样，拉闸后刀开关与电源隔离，避免更换熔丝时发生触电事故</td></tr>
<tr><td colspan="3">③ 更换熔丝时，必须在刀开关与电源断开的情况下按原规格更换</td></tr>
<tr><td colspan="3">④ 拉闸与合闸操作时，动作要迅速，一次拉合到位，使电弧尽快熄灭</td></tr>
</table>

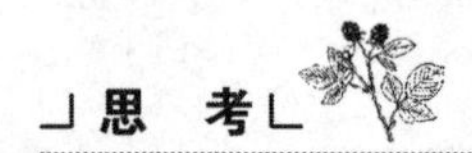

下图所示刀开关的型号分别代表什么含义？

HD11B-200/38

HS11B-200/48

2. 熔断器

熔断器是根据电流超过规定值一定时间后，以其自身产生的热量使熔体熔化，从而使电路断开的原理制成的一种电流保护器。

熔断器广泛应用于低压配电系统和控制系统及用电设备中，作为短路和过电流保护，是应用最普遍的保护器件之一。

短路是指不同电位的两点，不经过负载阻抗的低阻连接，通常是额定电流的几十倍甚至几百倍。

有关熔断器的基本知识点介绍，如表 1-1-3 所示。

表 1-1-3　　熔断器基本介绍

<table>
<tr><td colspan="2">实物图</td><td colspan="3"></td></tr>
<tr><td rowspan="6">结构图</td><td>1</td><td>瓷帽</td><td colspan="2" rowspan="6">1 2 3 4 5 6
螺旋式熔断器</td></tr>
<tr><td>2</td><td>熔体</td></tr>
<tr><td>3</td><td>瓷套</td></tr>
<tr><td>4</td><td>上接线座</td></tr>
<tr><td>5</td><td>下接线座</td></tr>
<tr><td>6</td><td>瓷座</td></tr>
<tr><td colspan="3">图形和文字符号</td><td colspan="2">FU</td></tr>
<tr><td rowspan="10">型号说明</td><td>型号</td><td colspan="3">R □□□—□/□
① ② ③ ④ ⑤ ⑥</td></tr>
<tr><td>①</td><td>R</td><td colspan="2">熔断器</td></tr>
<tr><td rowspan="6">②</td><td rowspan="6">形式代码</td><td>C</td><td>瓷插式</td></tr>
<tr><td>L</td><td>螺旋式</td></tr>
<tr><td>M</td><td>密封无填料式</td></tr>
<tr><td>T</td><td>有填料式</td></tr>
<tr><td>S</td><td>快速</td></tr>
<tr><td>Z</td><td>自复式</td></tr>
<tr><td>③</td><td colspan="3">设计序号</td></tr>
<tr><td>④</td><td colspan="3">结构改进序号</td></tr>
<tr><td></td><td>⑤</td><td colspan="3">熔断器额定电流</td></tr>
<tr><td></td><td>⑥</td><td colspan="3">熔体额定电流</td></tr>
</table>

续表

<table>
<tr><td rowspan="9">选用原则</td><td colspan="2">熔断器类型</td><td colspan="3">熔断器的保护特性应与被保护对象的过载特性相适应，考虑到可能出现的短路电流，选用相应分断能力的熔断器</td></tr>
<tr><td colspan="2">熔断器额定电压</td><td colspan="3">熔断器的额定电压必须等于或大于线路的额定电压</td></tr>
<tr><td colspan="2">熔断器额定电流</td><td colspan="3">熔断器的额定电流必须等于或大于所装熔体的额定电流</td></tr>
<tr><td rowspan="6">熔体的额定电流</td><td>对于照明、电热等电阻性负载的短路保护</td><td colspan="3">熔体的额定电流应等于或稍大于负载的额定电流</td></tr>
<tr><td>对于单台长期工作电动机的短路保护</td><td colspan="2">$I_{RN} \geqslant (1.5 \sim 2.5) I_N$</td><td rowspan="3">$I_{RN}$（熔体的额定电流）
I_N（负载的额定电流）
I_{Nmax}（多台电动机中容量最大的一台电动机的额定电流）
$\sum I_N$（其余电动机额定电流之和）</td></tr>
<tr><td>对于单台频繁起动电动机的短路保护</td><td colspan="2">$I_{RN} \geqslant (3 \sim 3.5) I_N$</td></tr>
<tr><td>对于多台电动机的短路保护</td><td colspan="2">$I_{RN} \geqslant (1.5 \sim 2.5) I_{Nmax} + \sum I_N$</td></tr>
<tr><td colspan="4">注意：线路中各级熔断器熔体额定电流要相应配合，保持前一级熔体额定电流必须大于下一级熔体额定电流</td></tr>
<tr></tr>
<tr><td rowspan="7">安装和使用的注意事项</td><td colspan="2" rowspan="2">安装</td><td colspan="3">① 电源线接在下接线座，负载线接在上接线座，以保证更换熔管时金属螺旋壳的上接线座不带电</td></tr>
<tr><td colspan="3">② 注意熔管上有熔断指示器的一端应朝外放置，透过瓷帽上的玻璃孔能看到熔体是否熔断的显示</td></tr>
<tr><td colspan="2" rowspan="3">更换熔体</td><td colspan="3">① 要检查熔断管内部烧伤情况，如有严重烧伤，应同时更换熔管</td></tr>
<tr><td colspan="3">② 瓷熔管损坏时，不允许用其他材质管代替</td></tr>
<tr><td colspan="3">③ 填料式熔断器更换熔体时，要注意填充填料</td></tr>
<tr><td colspan="2" rowspan="2">检修</td><td colspan="3">① 注意检查在 TN 接地系统中的 N 线，设备的接地保护线上，不允许使用熔断器</td></tr>
<tr><td colspan="3">② 维护检查熔断器时，要按安全规程要求，切断电源，不允许带电摘取熔断器管</td></tr>
</table>

观察

观察螺旋式熔断器顶端，金属盖中间凹处有一个标有颜色的**熔断指示器**，一旦熔体熔断，指示器马上**弹出**，所以可透过瓷帽上的玻璃孔观察到。

3. 按钮

控制按钮是一种结构简单、应用广泛的主令电器。它用来手动控制小电流的控制电路，从而实现远距离控制主电路通断的目的。

为了标明各个按钮的作用，避免误操作，通常将按钮帽做成不同的颜色（如红、绿、黑、黄、白、蓝等）来区分。习惯上用红色表示停止按钮，绿色表示起动按钮。

有关按钮的基本知识点介绍，如表 1-1-4 所示。

表 1-1-4　　控制按钮的基本介绍

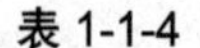

实物图	   

续表

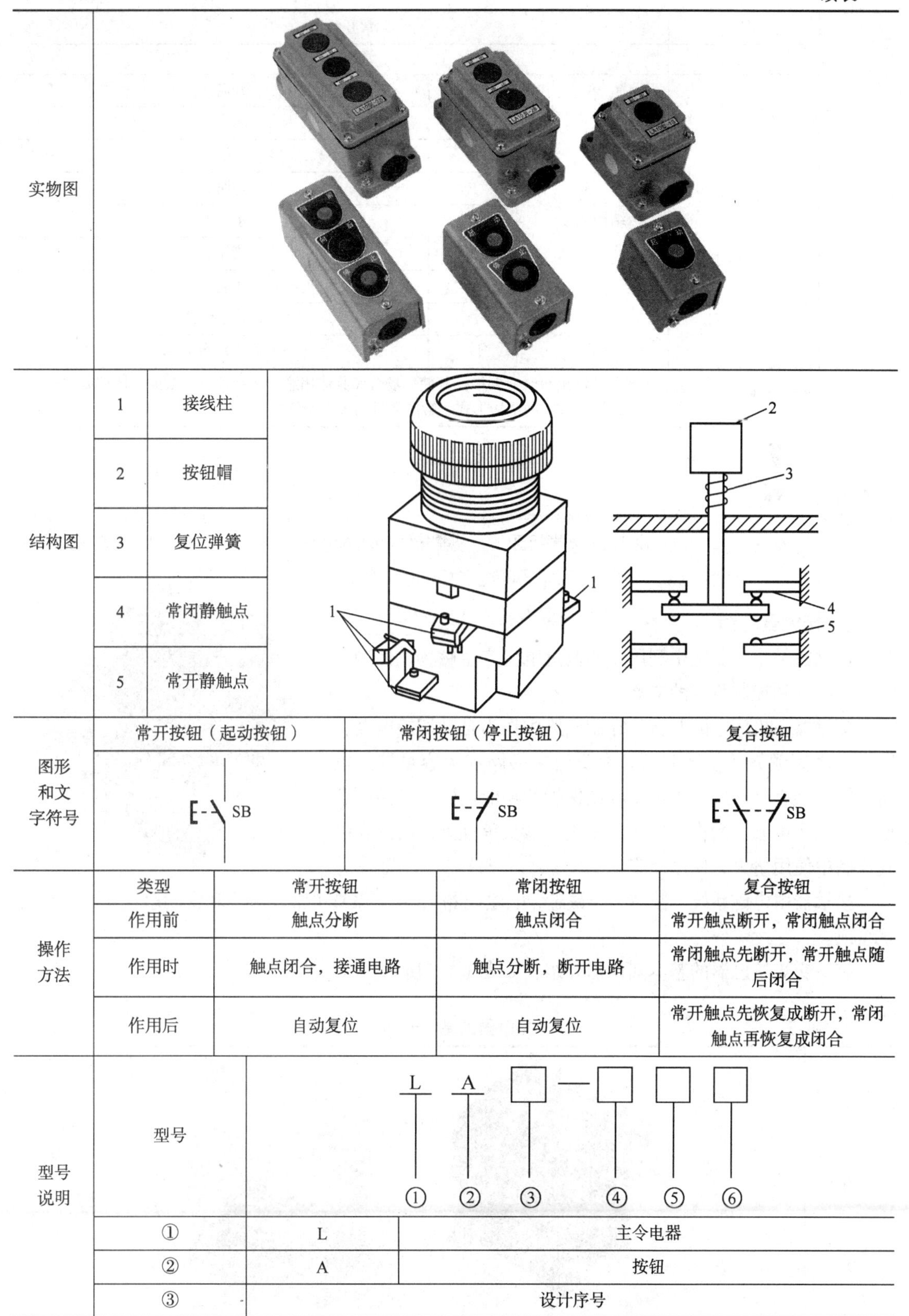

实物图			
结构图	1	接线柱	
	2	按钮帽	
	3	复位弹簧	
	4	常闭静触点	
	5	常开静触点	

图形和文字符号	常开按钮（起动按钮）	常闭按钮（停止按钮）	复合按钮
	SB	SB	SB

操作方法	类型	常开按钮	常闭按钮	复合按钮
	作用前	触点分断	触点闭合	常开触点断开，常闭触点闭合
	作用时	触点闭合，接通电路	触点分断，断开电路	常闭触点先断开，常开触点随后闭合
	作用后	自动复位	自动复位	常开触点先恢复成断开，常闭触点再恢复成闭合

型号说明	型号	L A □—□ □ □ ① ② ③ ④ ⑤ ⑥	
	①	L	主令电器
	②	A	按钮
	③	设计序号	

续表

型号说明	④	常开触点		
	⑤	常闭触点		
	⑥	结构代号	K	开启式
			S	防水式
			H	保护式
			F	防腐式
			J	紧急式
			X	旋钮式
			Y	钥匙式
			D	带指示灯式
			DJ	紧急式带指示灯
选用原则		在选用控制按钮时，要根据其使用场合和具体用途来选择种类；根据具体控制方式和要求来选择按钮的结构形式、触点数目和按钮颜色		

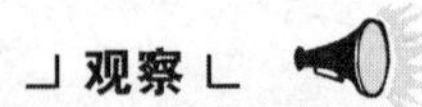

将控制按钮的外壳拆卸下，观察按钮的两对静触点，要求能够识别常开静触点和常闭静触点，并按下按钮，观察动触点的运动情况。

4. 接触器

接触器是指工业电中利用线圈流过电流产生磁场，使触头闭合，以达到控制负载的电器。

接触器在机床电路及自动控制电路中作为自动切换电器，用来远距离频繁的接通和断开交直流主回路和大容量控制电路，同时具有欠电压、零电压释放保护的功能。因其有控制容量大、工作可靠、操作频率高、使用寿命长等优点，所以在电气控制中使用量大、使用面广。

接触器由电磁系统（铁芯，静铁芯，电磁线圈）、触头系统（常开触头和常闭触头）和灭弧装置组成。

有关交流接触器的基本知识点介绍，如表 1-1-5 所示。

表 1-1-5　　接触器的基本介绍

实物图	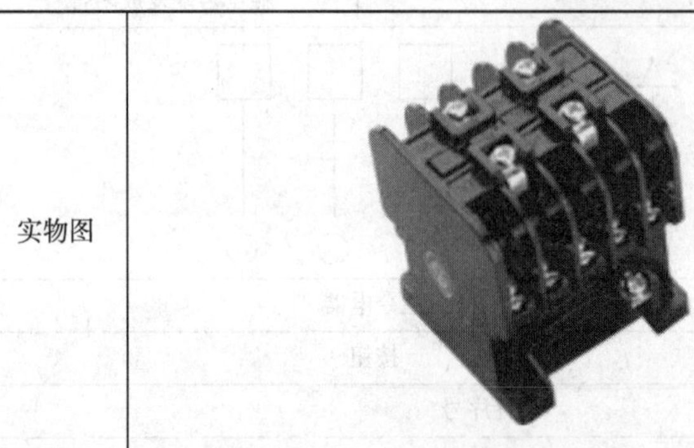 

续表

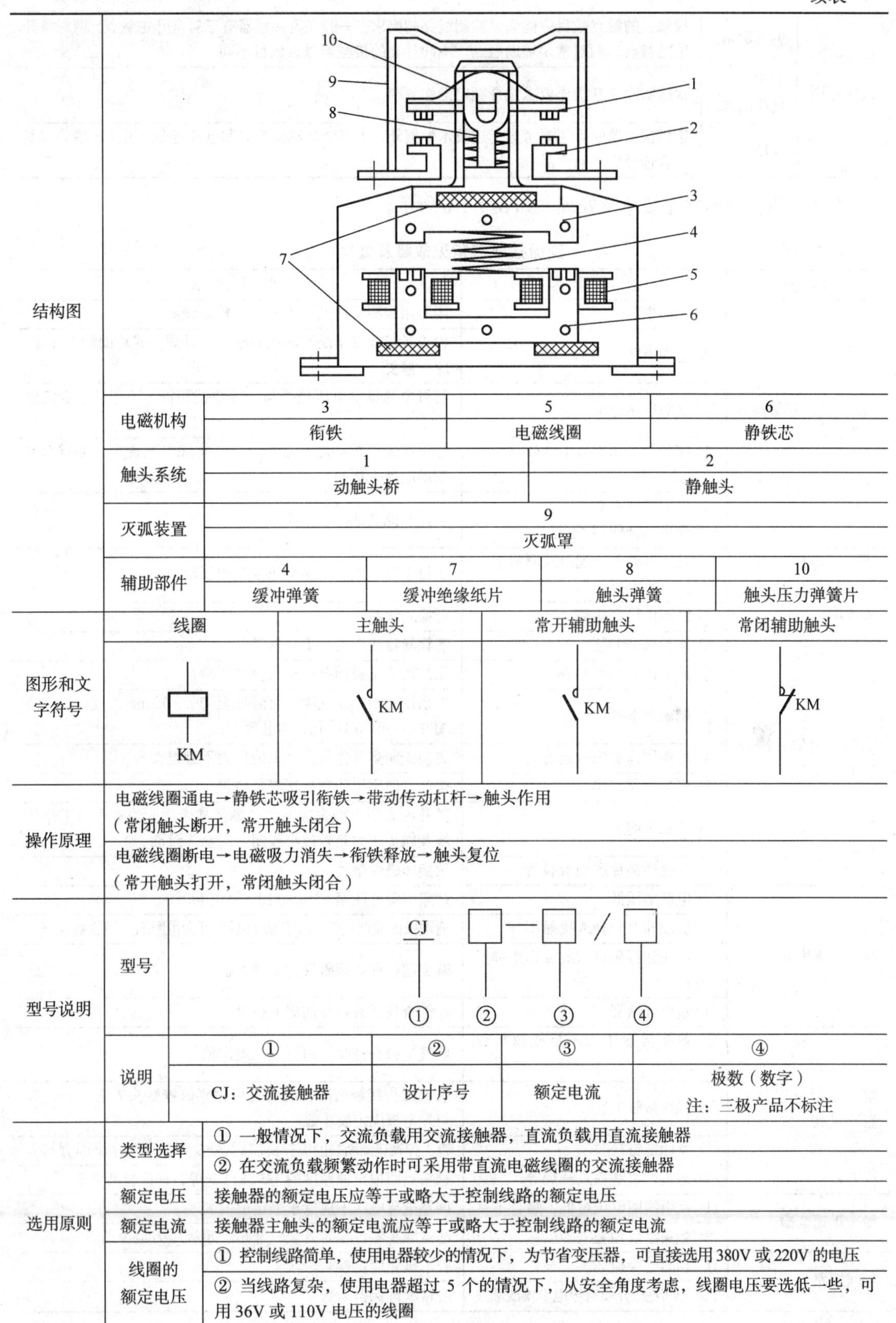

结构图					
结构图					
电磁机构	3	5	6		
	衔铁	电磁线圈	静铁芯		
触头系统	1	2			
	动触头桥	静触头			
灭弧装置	9				
	灭弧罩				
辅助部件	4	7	8	10	
	缓冲弹簧	缓冲绝缘纸片	触头弹簧	触头压力弹簧片	

图形和文字符号	线圈	主触头	常开辅助触头	常闭辅助触头
	KM	KM	KM	KM

操作原理	
操作原理	电磁线圈通电→静铁芯吸引衔铁→带动传动杠杆→触头作用 （常闭触头断开，常开触头闭合）
	电磁线圈断电→电磁吸力消失→衔铁释放→触头复位 （常开触头打开，常闭触头闭合）

型号说明					
型号说明	型号	CJ □—□／□ ① ② ③ ④			
	说明	①	②	③	④
		CJ：交流接触器	设计序号	额定电流	极数（数字） 注：三极产品不标注

选用原则		
选用原则	类型选择	① 一般情况下，交流负载用交流接触器，直流负载用直流接触器
		② 在交流负载频繁动作时可采用带直流电磁线圈的交流接触器
	额定电压	接触器的额定电压应等于或略大于控制线路的额定电压
	额定电流	接触器主触头的额定电流应等于或略大于控制线路的额定电流
	线圈的额定电压	① 控制线路简单，使用电器较少的情况下，为节省变压器，可直接选用 380V 或 220V 的电压
		② 当线路复杂，使用电器超过 5 个的情况下，从安全角度考虑，线圈电压要选低一些，可用 36V 或 110V 电压的线圈

续表

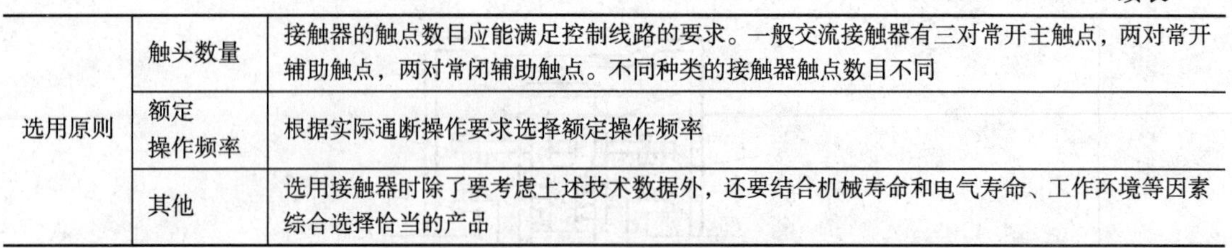

选用原则	触头数量	接触器的触点数目应能满足控制线路的要求。一般交流接触器有三对常开主触点，两对常开辅助触点，两对常闭辅助触点。不同种类的接触器触点数目不同
	额定 操作频率	根据实际通断操作要求选择额定操作频率
	其他	选用接触器时除了要考虑上述技术数据外，还要结合机械寿命和电气寿命、工作环境等因素综合选择恰当的产品

有关交流接触器常见故障及处理，如表 1-1-6 所示。

表 1-1-6　　交流接触器常见故障及处理

故 障 现 象	故 障 原 因	处 理 方 法
线圈通电后接触器不动作或动作不正常	① 线圈损坏	用万用表测量线圈，若开路应检修线圈
	② 电源断路	检查各接线端子是否断线或松脱、开焊，或辅助触头虚接，应予修复
	③ 电源电压过低	测量电源供电电压是否与铭牌数据相符（不应低于额定值的 85%）
	④ 接触器运动部分卡住或弹簧反力太大	卸下灭弧罩按动触头是否灵活，排除卡蹭现象，如有部件变形应拆下更换
	⑤ 使用频率不对 （如个别场合使用 60Hz 电源）	选择其他合适的接触器
线圈通电后吸力过大，线圈短时间过热冒烟	① 接入电源电压超过线圈额定电压的 1.1 倍以上	测量电源电压，调整电压或调换线圈
	② 线圈内局部短路	更换新线圈
线圈断电后，接触器不断开	① 运动部分卡死	清除异物或更换严重变形零件
	② 铁芯极面油垢粘着	用汽油清洗极面并用干布擦拭干净
	③ 剩磁严重	如系铁芯中柱无气隙，可磨挫至 0.1～0.3mm，或在线圈两端并联一只 0.1～1μF 的电容
	④ 反作用弹簧失效或丢失	更换或调整反作用弹簧，但反力不宜过大
	⑤ 安装位置错误	按产品使用说明书更正安装位置
	⑥ 主触头熔焊	搬开触头用小挫去掉毛刺；如经常熔焊应检查产品工作环境及触头压力是否过小或闭合时触头跳动
	⑦ 非磁性垫片磨损或脱落	调换非磁性垫片
吸合后噪声大	① 电源电压低	调整电源电压至 85%～110%额定电压
	② 极面间有异物或接触不好	清理极面或调整铁芯（若极面不平可少量磨削）使接触良好
	③ 触头超行程过大或反作用弹簧力过大	减少超行程或调整反力至规定值
	④ 短路环断裂	仔细查找断裂处并加焊或更换
触头及导电连接板温升过高	① 触头接触压力不足或超行程过小	调整主触头弹簧及超行程至规定值
	② 触头接触不良	改善触头接触情况，必要时可稍事修锉触头表面，静触头与导电板固定要牢靠
	③ 紧固螺钉松脱	查出弹簧垫圈断裂的应补换，接线处要可靠，载流截面应足够大
	④ 触头严重磨损及开焊等	触头点磨损至原厚度的 1/3 或已开焊，即应换新触头
触头迅速烧损	① 吸引线圈电压过低，吸合不良	调整电源电压不应低于额定值的 85%
	② 触头参数相差太多	注意触头零件是否齐全，开距、超程压力是否正确
相间短路	① 相间绝缘损坏	胶木碳化应更换
	② 相间绝缘介质有导电尘埃或潮湿	经常清理保持干燥

接触器的额定电压是指主触点上的额定电压。通常交流接触器电压等级有 220V、380V、660V 等级别。

接触器的额定电流是指主触点的额定电流。通常交流接触器电流等级有 5A、10A、20A、40A、100A、400A 等级别。

线圈的额定电压等于控制回路的电源电压。交流接触器常见的线圈电压等级有 36V、110V、127V、220V、380V 几种，直流接触器常见的线圈电压等级有 24V，48V，110V，220V，440V 几种。

额定操作频率是指每小时通断次数。通常交流接触器为 600 次/h。

专题 电弧的产生和灭弧

动、静触点间距小，当断开大电流电路或高电压电路时，触点间会产生大量的带电粒子，形成炽热的电子流，产生弧光放电现象，即**电弧**。

由于电弧的温度高达 3 000℃或更高，会导致触点被严重烧灼，缩短了电器的寿命，给电气设备的运行安全和人身安全等都造成了极大的威胁，为此必须采取有效的措施**灭弧**，以确保电路和设备安全正常工作。

常用的灭弧方法有以下几种。

① 双断口电动力灭弧

容量较小的接触器，例如 CJ10-10 型，采用的是双断点桥式触点，本身具有电动灭弧功能。这种灭弧方法将整个电弧分割成两段，同时利用触点回路本身的电动力 F 把电弧向两侧拉长，使电弧热量在拉长的过程中散发，冷却而熄灭。

② 灭弧栅

灭弧栅片由镀铜或镀锌铁片制成，距离 2～3mm 插在灭弧罩内，片间绝缘。一旦产生电弧，电弧电流周围产生磁场，电弧在磁场力的作用下进入栅片，被分割成许多串联的短弧，每个栅片就成了电弧的电极，电弧电压低于燃弧电压，同时栅片能散发电弧的热量，电弧得以很快熄灭。

③ 灭弧罩

比灭弧栅更为简单的是采用用陶土、石棉水泥或耐弧塑料制成的耐高温的灭弧罩。安装时灭弧罩将触点罩住，出现电弧后，电弧进入灭弧罩，依靠灭弧罩对电弧降温，使之容易熄灭。同时还可以防止电弧飞出。

5. 三相异步电动机

三相异步电动机是靠同时接入 380V 三相交流电源（相位差 120°）供电的一类电动机，由于三相异步电动机的转子与定子旋转磁场以相同的方向、不同的转速旋转，存在转差率，所以叫三相异步电机。

有关三相异步电动机接线方式的介绍，如表 1-1-7 所示。

表 1-1-7　　三相异步电动机的接线方式

实物图	

续表

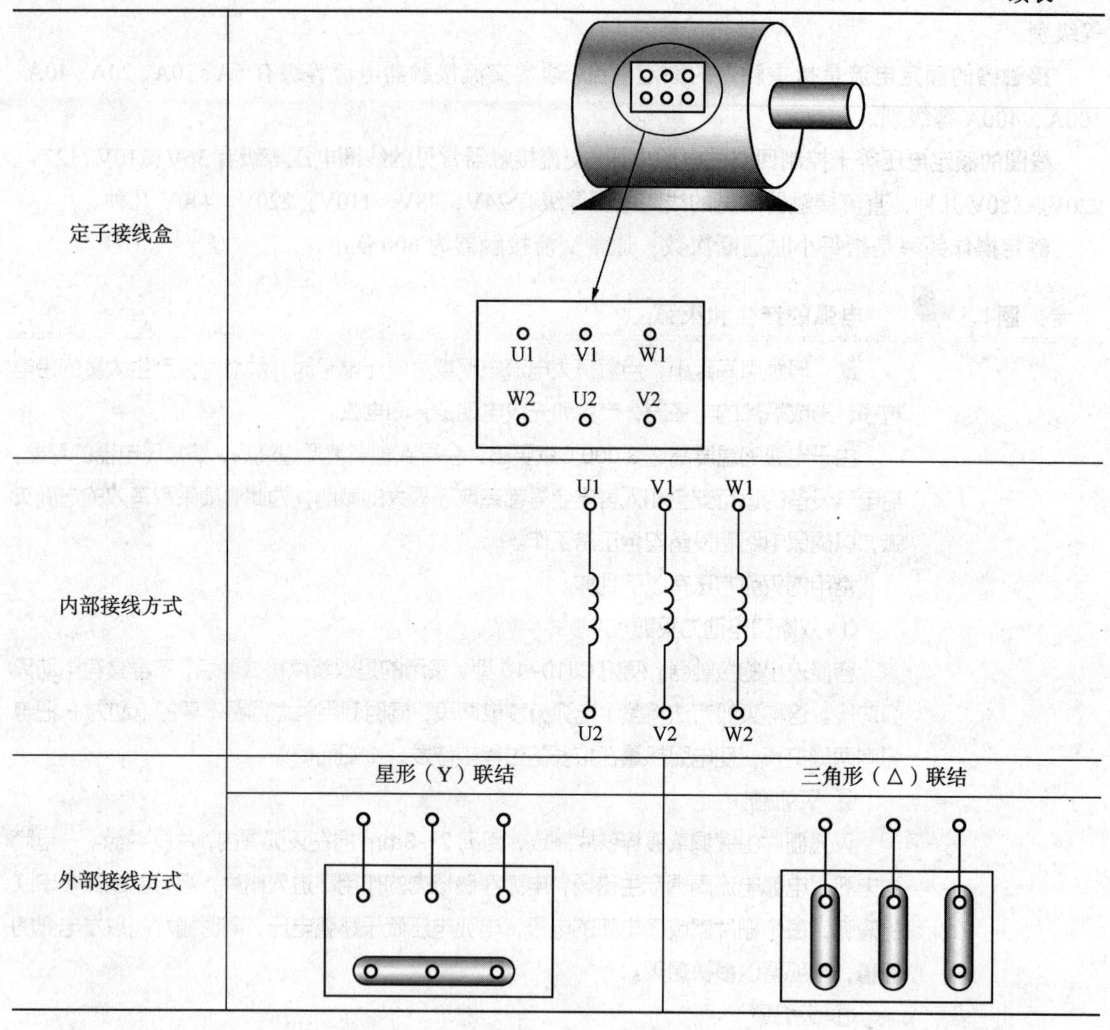

定子接线盒		
内部接线方式		
	星形（Y）联结	三角形（△）联结
外部接线方式		

动动手

根据表 1-1-7 中的电动机外部接线方式在三相异步电动机上实现星形接法和三角形接法。

任务实施

◆ 原理分析

合上刀开关 QS（引入三相电源）→按下按钮 SB→接触器 KM 的线圈得电→接触器 KM 主触点闭合→电动机接通电源起动运行。

松开按钮 SB→接触器 KM 的线圈失电→接触器 KM 主触点恢复成断开→电动机断电停转。

注意：当控制电路停止使用时，必须断开 QS。

◆ 实际操作

1. 器材准备

按照表 1-1-8 所示配齐所有工具、仪表及电器元件，并进行质量检验。

表 1-1-8　　工具、仪表及器材

工具	测电笔	
	一字改锥	
	十字改锥	
	尖嘴钳	
	斜口钳	
	剥线钳	
	电工刀	

续表

仪表	万用表	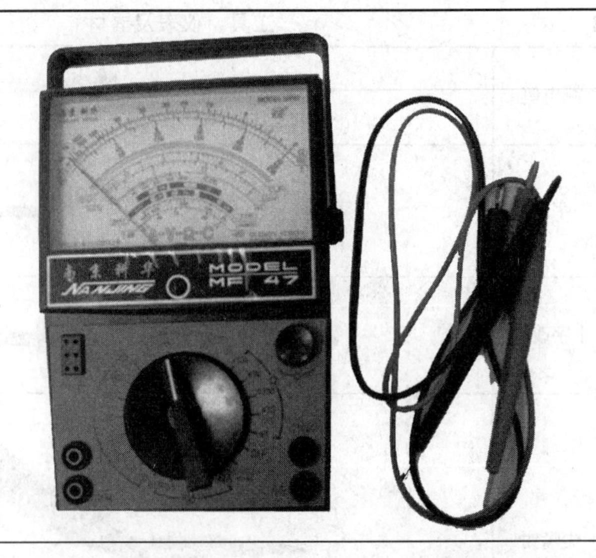
器材（实物图见表 1-1-1）	三相异步电动机一台	
	三极刀开关一个	
	螺旋式熔断器 5 个（其中 3 个用于主电路，2 个用于辅助电路）	
	常开按钮一个	
	交流接触器一个	
	端子板一组	
	控制板一块	
	导线若干（主电路所用导线的颜色规格应与辅助电路相区别）	
	紧固体若干	
	编码套管若干	

2. 操作步骤

① 在控制板上合理布置电器元件；

② 按控制原理图接好线路（电动机△形联结），注意接线时，先接负载端再接电源端，先接主电路，后接辅助电路，接线顺序从上到下；

③ 通电之前，必须征得指导老师同意，并由指导老师接通三相电源，同时在场监护；

④ 学生闭合电源开关 QS 后，用测电笔检查熔断器出线端，氖管亮说明电源接通；

⑤ 按下起动按钮 SB，观察电动机是否正常运行，比较按下与松开 SB 电动机和接触器的运行情况；

⑥ 实验完毕切断实验线路电源。

注意：出现故障后，若需带电检修，必须有指导老师在场监护。

3. 注意事项

① 不要随意更改线路和带电触摸电器元件。

② 电动机、刀开关及按钮的金属外壳必须可靠接地；

③ 电源进线应接在螺旋式熔断器的下接线柱，出线则应接在上接线柱上；

④ 按钮内接线时，用力不可过猛，以防螺钉滑扣；

⑤ 用试电笔检查故障时，必须检查试电笔是否符合使用要求。

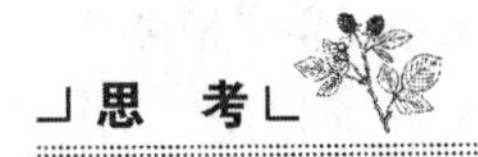
思 考

同学小张安装好三相笼型异步电动机点动控制线路后，发现按下按钮 SB，电动机不能转动，请你帮他找出故障原因。

◆ 检测评分

将学生任务完成情况的检测与评价填入表 1-1-9。

表 1-1-9 评分标准

项目内容	配分	评分标准			得分情况		
装前检查	10	电器元件漏检或错检		每处扣 2 分			
安装元件	10	损坏元件		扣 10 分			
		元件安装不牢固		每只扣 3 分			
		安装不整齐、不合理		每只扣 2 分			
布线	30	不按照原理图接线		扣 30 分			
		损伤导线绝缘或线芯		每根扣 5 分			
		漏接地线		扣 10 分			
		连接点不符合标准		每个扣 1 分			
通电运行	30	第一次通电运行不成功		扣 10 分			
		第二次通电运行不成功		扣 20 分			
		第三次通电运行不成功		扣 30 分			
安全规程	10	违反安全文明生产规程		扣 10 分			
时间安排	10	超过指导老师规定时间		每超 5 分钟扣 5 分			
开始时间		结束时间		实际用时		总评成绩	

◆ 任务反馈

任务完成后，对操作时出现的问题进行分析，找出故障产生原因并排除，将分析结果填入表 1-1-10。

表 1-1-10 任务反馈

故障现象	产生原因	处理方法
□按下按钮，电动机不起动	□线路连接点不正确或连接点接触不良	
	□按钮常开触点闭合不良或不能闭合	
	□熔断器熔体熔断	
	□接触器触点闭合不良或不能闭合	
	□电动机缺相	
□松开按钮，电动机不停止	□按钮复位弹簧不能完全复位	
	□接触器反作用弹簧失效	

任务拓展

一、板前明线布线安装工艺

要求：了解板前明线布线安装工艺。

① 布线通道尽可能少。若有同路并行导线，则按主电路、控制电路分类集中，单层密排。

② 布线尽可能紧贴安装面布线，相邻电器元件之间也可“空中走线”。

③ 安装导线尽可能靠近元器件走线。

④ 布线要求横平竖直，分布均匀，自由成形。

⑤ 同一平面的导线应高低一致或前后一致，尽量避免交叉。

⑥ 变换走向时应成 90° 角垂直。

⑦ 按钮连接线必须用软线，与配电板上的元器件连接时应通过接线端子，并明确编号。

二、故障处理方法

要求：掌握低压电器控制电路故障常用的检查和处理方法。

① 电阻测量法是切断电源后，用万用表的电阻挡检测的方法，比较方便和安全，是判断三相笼型异步电动机控制线路故障的常用方法。电阻测量法分为电阻分段测量法和电阻分阶测量法。

② 交流电压测量法是在接通电源时，用万用表的交流电压检测的方法。交流电压测量法分为分阶测量法和分段测量法。

③ 逐步短接法是在控制电源正常情况下，用一根绝缘良好的导线分别短接测试（连接）点的方法。逐步短接法又分局部短接法和长短线短接法。

任务二　三相异步电动机的连续运行

任务描述

使用接触器、继电器控制三相异步电动机的直接起动，使三相异步电动机实现连续控制。

连续运行，即按下起动按钮时电动机转动工作，松开起动按钮时电动机不会停止，按下停止按钮时电动机停止转动。

连续控制多用于控制电动机长期连续运行，适用于需要长时间单向运行的机械设备等场合。例如港口运输机、鼓风机、普通车床的主轴电动机控制等。

技能目标

- ❖ 熟悉低压断路器和热继电器的作用及工作原理。
- ❖ 能够识别三相异步电动机连续控制的电气原理图，并根据电气控制原理图进行实体电路连接。
- ❖ 掌握三相异步电动机连动控制的基本操作方法和故障处理。

知识准备

一、连续控制电气原理图

本任务所研究的连续控制电气原理图如图 1-2-1 所示。

表 1-2-1 给出了三相异步电动机连续控制原理图中的符号与实物对照图，请根据下表找出所需电器并对照控制原理图中的符号进行识别。

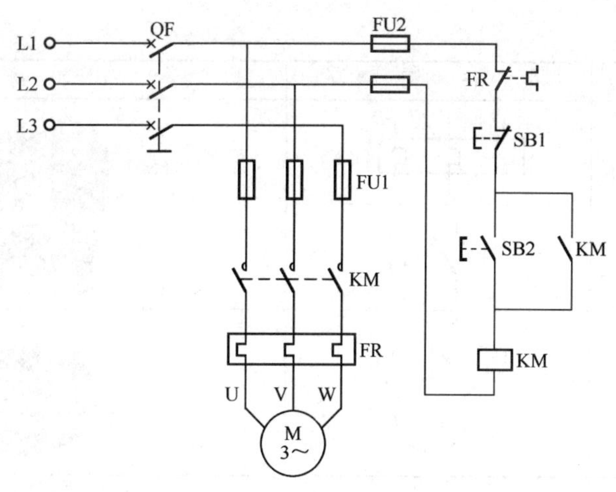

图 1-2-1　三相异步电动机连续控制电气原理图

表 1-2-1　　　　三相异步电动机连续控制电气原理图中的符号与实物对照图

名　称		符　号	实 物 图
三相交流电源		L1 L2 L3	插头　插座
低压断路器		QF	
熔断器		FU1 FU2	
按钮		SB1	
		SB2	
接触器	常开主触点	KM	
	辅助常开触点	KM	
	线圈	KM	

续表

名　称		符　号	实 物 图
热继电器	热元件	FR	
	常闭触点	FR	
三相异步电动机		U V W M 3～	

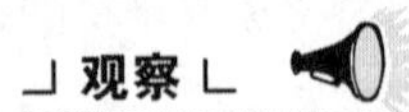

观察

观察本任务中用到的控制按钮和前一个任务中用到的按钮在结构和功能上有何不同。

二、相关低压电器介绍

1．低压断路器

低压断路器是一种可以用手动或电动分、合闸，而且在电路过载或欠电压时能自动分闸的低压开关电器，又叫自动空气开关或自动空气断路器，简称断路器。

低压断路器是低压配电网络和电力拖动系统中非常重要的一种电器，它集控制和多种保护功能于一身。除了能完成闭合和分断电路外，还能对电路或电气设备发生的短路、严重过载及欠电压等进行保护，同时也可以用于不频繁地起动电动机。

电力拖动与自动控制线路中常用的自动空气开关为塑壳式，如 DZ5-20 系列。

关于低压断路器的基本知识点介绍，如表 1-2-2 所示。

表 1-2-2　　低压断路器的基本介绍

实物图	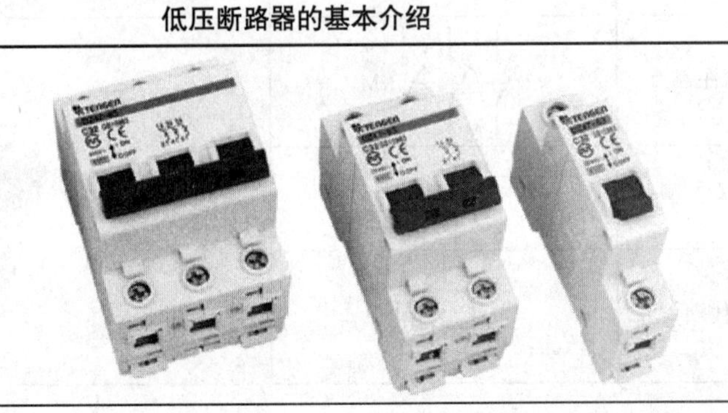

续表

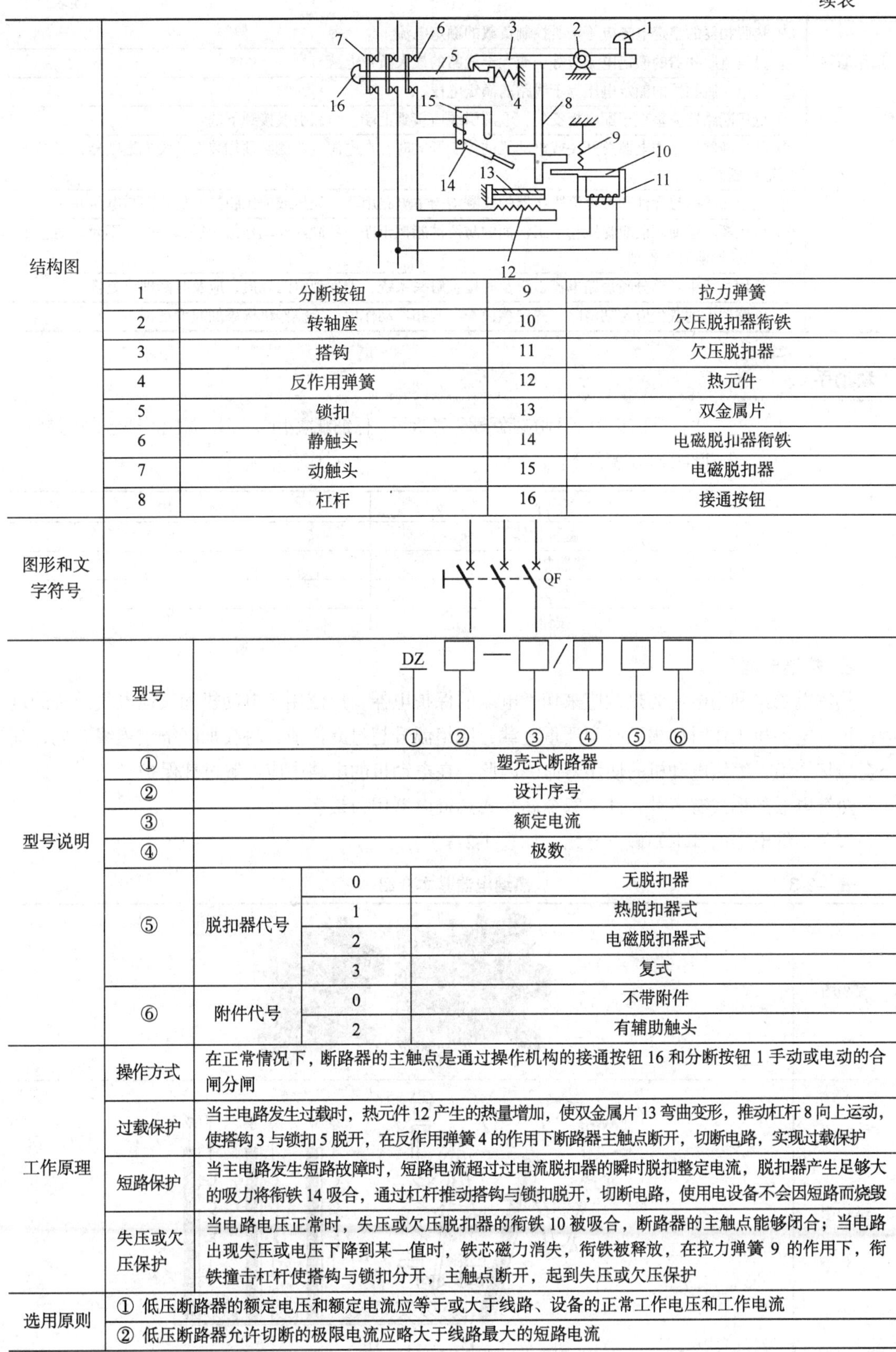

项目			
结构图	1 分断按钮	9 拉力弹簧	
	2 转轴座	10 欠压脱扣器衔铁	
	3 搭钩	11 欠压脱扣器	
	4 反作用弹簧	12 热元件	
	5 锁扣	13 双金属片	
	6 静触头	14 电磁脱扣器衔铁	
	7 动触头	15 电磁脱扣器	
	8 杠杆	16 接通按钮	
图形和文字符号	QF		
型号说明	型号	DZ □—□/□ □ □	
	①	塑壳式断路器	
	②	设计序号	
	③	额定电流	
	④	极数	
	⑤ 脱扣器代号	0	无脱扣器
		1	热脱扣器式
		2	电磁脱扣器式
		3	复式
	⑥ 附件代号	0	不带附件
		2	有辅助触头
工作原理	操作方式	在正常情况下，断路器的主触点是通过操作机构的接通按钮 16 和分断按钮 1 手动或电动的合闸分闸	
	过载保护	当主电路发生过载时，热元件 12 产生的热量增加，使双金属片 13 弯曲变形，推动杠杆 8 向上运动，使搭钩 3 与锁扣 5 脱开，在反作用弹簧 4 的作用下断路器主触点断开，切断电路，实现过载保护	
	短路保护	当主电路发生短路故障时，短路电流超过过电流脱扣器的瞬时脱扣整定电流，脱扣器产生足够大的吸力将衔铁 14 吸合，通过杠杆推动搭钩与锁扣脱开，切断电路，使用电设备不会因短路而烧毁	
	失压或欠压保护	当电路电压正常时，失压或欠压脱扣器的衔铁 10 被吸合，断路器的主触点能够闭合；当电路出现失压或电压下降到某一值时，铁芯磁力消失，衔铁被释放，在拉力弹簧 9 的作用下，衔铁撞击杠杆使搭钩与锁扣分开，主触点断开，起到失压或欠压保护	
选用原则	① 低压断路器的额定电压和额定电流应等于或大于线路、设备的正常工作电压和工作电流		
	② 低压断路器允许切断的极限电流应略大于线路最大的短路电流		

续表

选用原则	③ 热脱扣器的整定电流应等于所控制负载的额定电流
	④ 过电流脱扣器的额定电流应等于或大于线路的最大负载电流
	⑤ 欠电压脱扣器的额定电压等于线路的额定电压
安装和使用的注意事项	① 低压断路器应垂直于配电板安装，电源引线应接到上端，负载引线接到下端
	② 低压断路器用作电源总开关或电动机的控制开关时，在电源进线侧必须加装刀开关或熔断器，以形成明显的断开点
	③ 热脱扣器的热元件和过电流脱扣器的线圈均与主电路串联，失压或欠压脱扣器的线圈与电路并联
	④ 低压断路器使用前应将脱扣器工作面的防锈油脂擦干净；各脱扣器动作值一经调整好，不允许随意变动，以免影响其动作值
	⑤ 使用过程中若遇分断短路电流，应及时检查触头系统，若发现电灼烧痕，应及时修理或更换
	⑥ 断路器上的灰尘应定期清除，并定期检查各脱扣器动作值，给操作机构添加润滑剂

动动手

将一只 DZ50 系列的断路器外壳拆开，仔细观察组成结构，指出各部分组成并将主要部件的作用填入下表。

主要部件	作　用
电磁脱扣器	
热脱扣器	
触头	
按钮	

2. 热继电器

热继电器是利用电流的热效应来切断电路的保护电器，广泛用于电动机和其他电气设备的过载保护。电动机工作时如果长时间严重过载，绕组温升超过允许值，将会加剧绕组绝缘老化，甚至会烧坏绕组，缩短电动机的使用寿命。因此，在电动机的电路中应设置过载保护。

热继电器的形式有多种，其中双金属片式热继电器用得最多。

有关热继电器的基本知识点介绍，如表 1-2-3 所示。

表 1-2-3　　热继电器基本介绍

实物图	
结构图	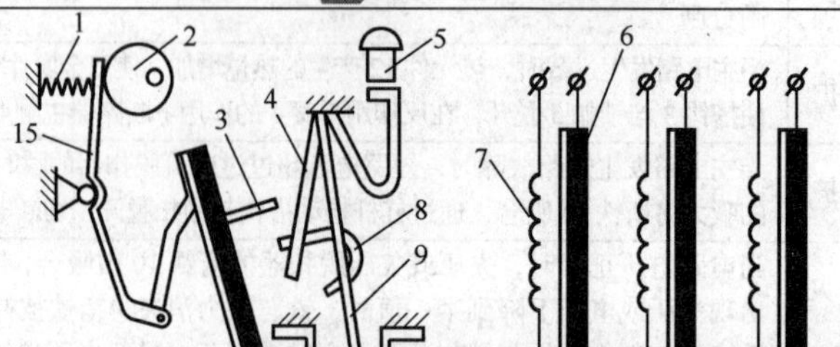

续表

<table>
<tr><td rowspan="8">结构图</td><td>1</td><td colspan="2">弹簧</td><td>9</td><td>片簧</td></tr>
<tr><td>2</td><td colspan="2">电流调节凸轮</td><td>10</td><td>静触头</td></tr>
<tr><td>3</td><td colspan="2">推杆</td><td>11</td><td>导板</td></tr>
<tr><td>4</td><td colspan="2">片簧</td><td>12</td><td>动触头</td></tr>
<tr><td>5</td><td colspan="2">手动复位按钮</td><td>13</td><td>复位调节螺钉</td></tr>
<tr><td>6</td><td colspan="2">主双金属片</td><td>14</td><td>补偿双金属片</td></tr>
<tr><td>7</td><td colspan="2">热元件</td><td>15</td><td>杠杆</td></tr>
<tr><td>8</td><td colspan="2">弓簧</td><td></td><td></td></tr>
<tr><td rowspan="3">保护原理</td><td>正常工作时</td><td colspan="4">热元件感知电流→将热量传到主双金属片 6 上→主双金属片受热发生弯曲变形（不足以使继电器动作）</td></tr>
<tr><td>严重过载时</td><td colspan="4">热元件上电流过大→主双金属片弯曲变形加剧→向右推动导板 11→常闭触点动作→切断控制电路（保护主电路）</td></tr>
<tr><td>动作后</td><td colspan="4">热继电器动作后，经过一段时间的冷却自动复位，也可按复位按钮 5 手动复位（根据使用要求通过复位调节螺钉 13 来自由选择复位方式）。旋转凸轮 2 于不同位置可以调节热继电器的整定电流</td></tr>
<tr><td>图形和文字符号</td><td colspan="5">FR FR</td></tr>
<tr><td rowspan="7">型号说明</td><td>型号</td><td colspan="4">J R □—□/□/□
① ② ③ ④ ⑤ ⑥</td></tr>
<tr><td>①</td><td>J</td><td colspan="3">继电器</td></tr>
<tr><td>②</td><td>R</td><td colspan="3">热</td></tr>
<tr><td>③</td><td colspan="4">设计序号</td></tr>
<tr><td>④</td><td colspan="4">额定电流</td></tr>
<tr><td>⑤</td><td colspan="4">极数</td></tr>
<tr><td>⑥</td><td>D</td><td colspan="3">带断相保护装置</td></tr>
<tr><td>选用原则</td><td colspan="5">选用主要依据电动机的使用场合和额定电流来确定其型号和热元件的额定电流等级。通常热继电器的整定电流等于或稍大于电动机的额定电流</td></tr>
<tr><td rowspan="9">安装和使用的注意事项</td><td rowspan="5">安装需知</td><td colspan="4">① 必须严格按照产品说明书中规定的方式安装</td></tr>
<tr><td colspan="4">② 安装的环境温度应基本符合电动机所处环境温度</td></tr>
<tr><td colspan="4">③ 若与其他电器安装在一起，则需要将热继电器安装在其他电器的下方，以免其动作特性受到其他电器发热的影响</td></tr>
<tr><td colspan="4">④ 热继电器安装时应清除触点表面尘污，以免因接触电阻过大或电路不通而影响热继电器的动作性能</td></tr>
<tr><td colspan="4">⑤ 热继电器出线端连接导线的粗细和材料应适合电路安装需要</td></tr>
<tr><td rowspan="4">使用说明</td><td colspan="4">① 使用中的热继电器应定期通电校验</td></tr>
<tr><td colspan="4">② 当发生短路事故后，应检查热元件是否已发生永久变形。若已变形，则需通电校验。因热元件变形或其他原因致使动作不准确时，只能调整其可调部件，而绝不能弯折热元件</td></tr>
<tr><td colspan="4">③ 热继电器在出厂时均调整为手动复位方式，如果需要自动复位，只要将复位螺钉顺时针方向旋转 3～4 圈，并稍微拧紧即可</td></tr>
<tr><td colspan="4">④ 热继电器在使用中应定期用布擦净尘土和污垢，若发现双金属片上有锈斑，应用清洁棉布蘸汽油轻轻擦除，切忌用砂纸打磨</td></tr>
</table>

专题 热继电器连接导线的选用

热继电器出线端的连接导线过细，热继电器可能提前动作；导线过粗，轴向导热快，热继电器可能滞后动作。我们在选用导线时应对照下表注意导线的种类及规格。

热继电器额定电流（A）	连接导线截面积（mm^2）	导线种类
10	2.5	单股铜芯塑料线
20	4	单股铜芯塑料线
60	16	多股铜芯橡皮线

任务实施

◆ 原理分析

1. 合上断路器 QF（引入三相电源）→按下按钮 SB2→接触器 KM 的线圈得电→①接触器 KM主触点闭合→电动机接通电源起动运行→②接触器KM辅助常开触点闭合，使与之并联的SB2被短路，手松开按 SB2 后 KM 线圈仍然保持通电，电动机继续运转。

自锁触点：通常把利用接触器本身的常开触点来使其线圈保持通电的现象称作自锁。起自锁作用的常开辅助触点被称为自锁触点。

2. 按下按钮 SB1→接触器 KM 的线圈失电→接触器 KM 主触点恢复成断开→电动机断电停转

注意：当控制电路停止使用时，必须断开 QF。

◆ 实际操作

1. 器材准备

按照表 1-2-4 所示配齐所有工具、仪表及电器元件，并进行质量检验。

表 1-2-4 工具、仪表及器材

工具	测电笔
	一字改锥、十字改锥
	尖嘴钳、斜口钳、剥线钳
	电工刀
仪表	万用表
器材	三相异步电动机一台
	三极低压断路器一个
	螺旋式熔断器 5 个（其中 3 个用于主电路，2 个用于辅助电路）
	常开按钮一个，常闭按钮一个
	热继电器一个
	交流接触器一个
	端子板一组
	控制板一块
	导线若干（主电路所用导线的颜色规格应与辅助电路相区别）
	紧固体若干
	编码套管若干

2. 操作步骤

① 在控制板上合理布置电器元件；

② 按控制原理图接好线路（电动机△形联结），注意接线时，先接负载端再接电源端，先接主电路，后接辅助电路，接线顺序从上到下；

③ 通电之前，必须征得指导老师同意，并由指导老师接通三相电源，同时在场监护；

④ 学生闭合电源开关 QF 后，用测电笔检查熔断器出线端，氖管亮说明电源接通；

⑤ 按下起动按钮 SB2，观察电动机是否正常运行，有无自锁，比较按下与松开 SB2 电动机和接触器的运行情况有无变化；

⑥ 实验完毕切断实验线路电源。

注意：出现故障后，若需带电检修，必须有指导老师在场监护。

3. 注意事项

① 电动机使用的电源电压和绕组接法必须与铭牌上规定的相一致；

② 不要随意更改线路和带电触摸电器元件；

③ 电动机、刀开关及按钮的金属外壳必须可靠接地；

④ 电源进线应接在螺旋式熔断器的下接线柱，出线则应接在上接线柱上；

⑤ 按钮内接线时，用力不可过猛，以防螺钉滑扣；

⑥ 电动机过载热继电器动作后，如需再次起动电动机，必须待热元件冷却后，才能使热继电器复位，一般自动复位时间不大于 5min，手动复位时间不大于 2min；

⑦ 用试电笔检查故障时，必须检查试电笔是否符合使用要求；

⑧ 通电试验时，注意观察电动机、各电器元件及线路各部分工作是否正常，如发现异常情况，必须立即切断电源开关 QS。

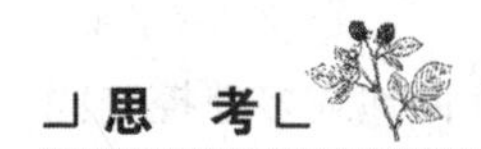

同学小王安装好三相笼型异步电动机连续控制线路后，发现只能点动控制，不能连续控制，请你帮他找出故障原因。

◆ **检测评分**

将学生任务完成情况的检测与评价填入表 1-2-5。

表 1-2-5　　评分标准

项目内容	配分	评分标准		得分情况
装前检查	10	电器元件漏检或错检	每处扣 2 分	
安装元件	10	损坏元件	扣 10 分	
		元件安装不牢固	每只扣 3 分	
		安装不整齐、合理	每只扣 2 分	
布线	30	不按照原理图接线	扣 30 分	
		损伤导线绝缘或线芯	每根扣 5 分	
		漏接地线	扣 10 分	
		连接点不符合标准	每个扣 1 分	
通电运行	30	第一次通电运行不成功	扣 10 分	
		第二次通电运行不成功	扣 20 分	
		第三次通电运行不成功	扣 30 分	

续表

项目内容	配分	评分标准		得分情况
安全规程	10	违反安全文明生产规程	扣 10 分	
时间安排	10	超过指导老师规定时间	每超 5 分钟扣 5 分	
开始时间	结束时间	实际用时	总评成绩	

◆ **任务反馈**

任务完成后，对操作时出现的问题进行分析，找出故障产生原因并排除，将分析结果填入表 1-2-6。

表 1-2-6　　　　任务反馈

故障现象	产生原因	处理方法
□按下按钮，电动机不起动	□线路连接点不正确或连接点接触不良	
	□按钮常开触点闭合不良或不能闭合	
	□熔断器熔体熔断	
	□接触器触点闭合不良或不能闭合	
	□电动机缺相	
□按下按钮，电动机起动，松开按钮，电动机停止	□接触器的自锁触点闭合不良或不能闭合	
□松开按钮，电动机不停止	□按钮复位弹簧不能完全复位	
	□接触器反作用用弹簧失效	

任务拓展

一、多地控制

为了操作方便，常常希望能在两个或多个地点进行同样的控制操作，能在两地或多地控制同一台电动机的控制方式称为电动机的**多地控制**。

要求：能够识别三相异步电动机的三地控制原理图（见图 1-2-2），并根据电气控制原理图进行实体电路连接。

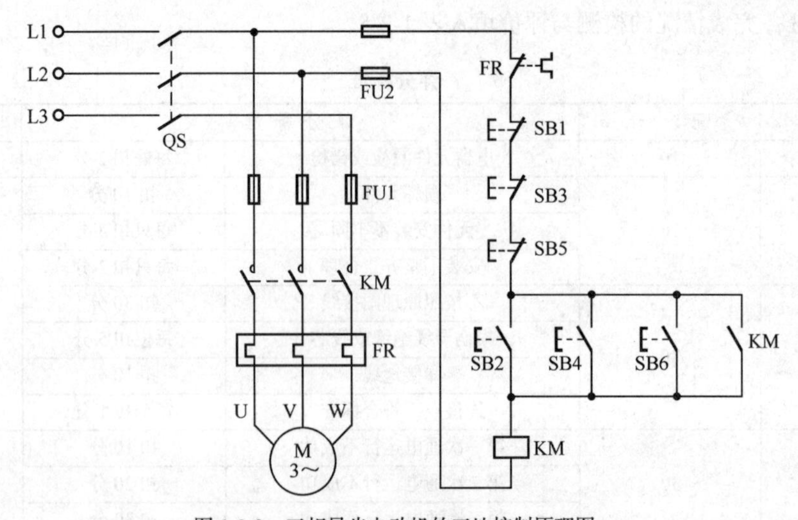

图 1-2-2　三相异步电动机的三地控制原理图

二、顺序控制

几台电动机的起动或停止必须按一定的先后顺序来完成的控制方式，叫做电动机的顺序控制。

要求：能够识别三相异步电动机的顺序控制原理图（见图 1-2-3、图 1-2-4、图 1-2-5），并根据电气控制原理图进行实体电路连接。

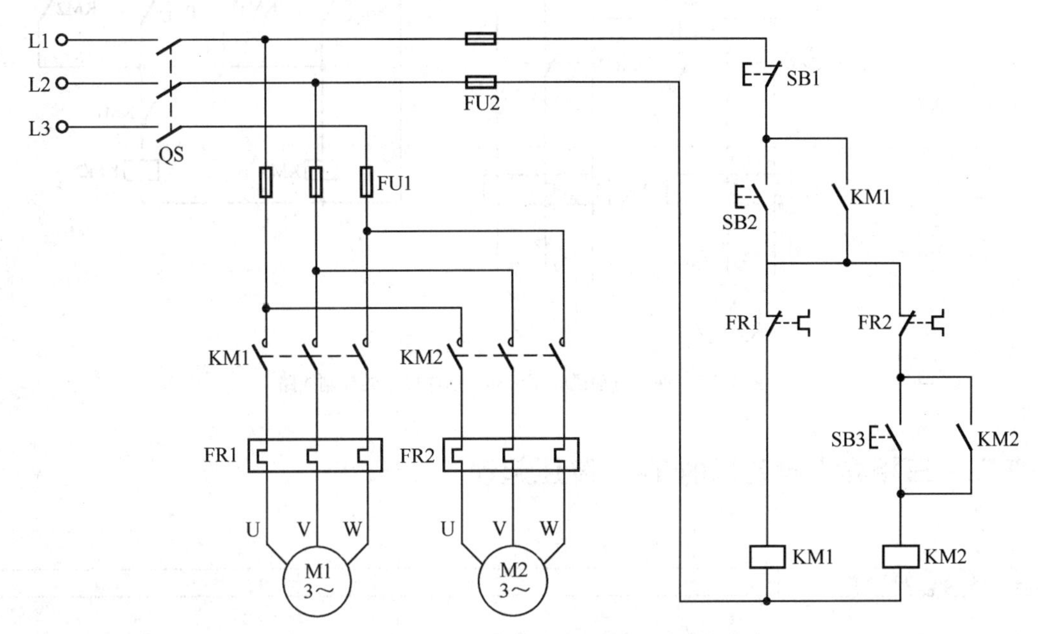

图 1-2-3　两台电动机顺序起动、同时停止的控制线路

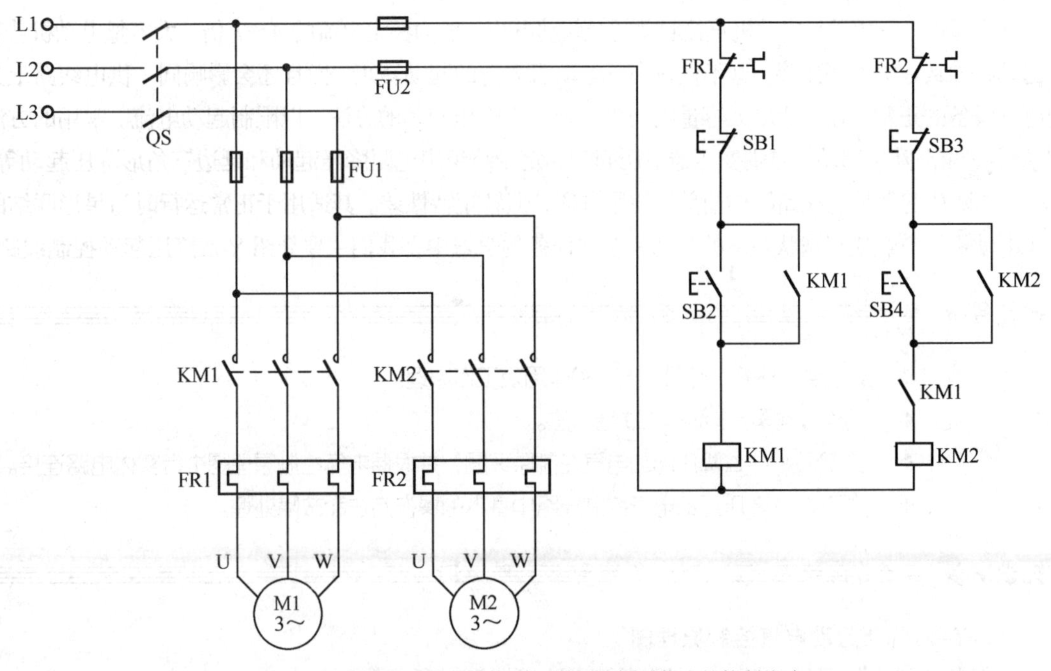

图 1-2-4　两台电动机顺序起动、单独或同时停止的控制线路

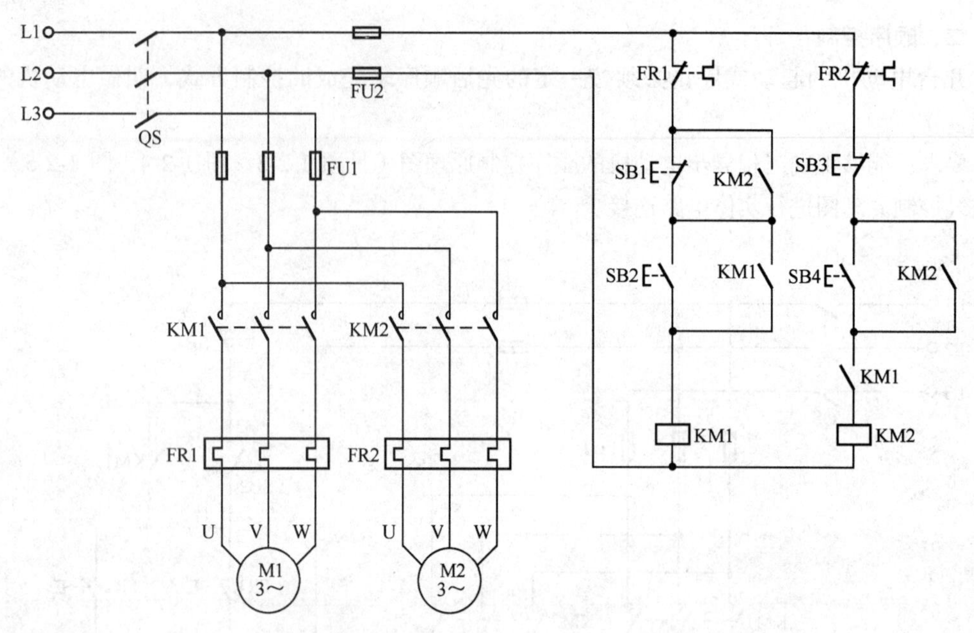

图 1-2-5 两台电动机顺序起动、逆序停止的控制线路

任务三 三相异步电动机的 Y-△降压起动

任务描述

使用接触器、时间继电器控制三相异步电动机的降压起动，使三相异步电动机通过时间继电器的延时作用来实现 Y-△降压起动。

降压起动：三相异步电动机直接起动时，起动电流一般为额定电流的 4～7 倍。大容量电动机若直接起动将导致较大电网压降，这不仅减小了电动机本身的起动转矩，而且还会影响同一供电线路上其他电气设备的正常工作。所以大容量电动机必须采用降压起动的方法，以限制起动电流。常用的方法有星形-三角形降压起动、自耦变压器降压起动、定子绕组串电阻降压起动和延边三角形降压起动等。

Y-△降压起动控制线路结构简单，使用方便，但转矩特性差。其适用于正常运行时为星形联结的异步电动机，空载或轻载状态下的起动。在本任务的学习中，我们主要介绍 Y-△降压起动控制线路。

技能目标

- 熟悉组合开关、时间继电器的作用及工作原理。
- 熟悉三相异步电动机的联结方法。
- 能够识别 Y-△降压起动电气控制原理图，并根据电气控制原理图进行实体电路连接。
- 掌握 Y-△降压起动电气控制线路中基本的操作方法和故障处理。

知识准备

一、Y-△降压起动电气控制原理图

本任务所研究的降压起动电气控制原理图如图 1-3-1 所示。

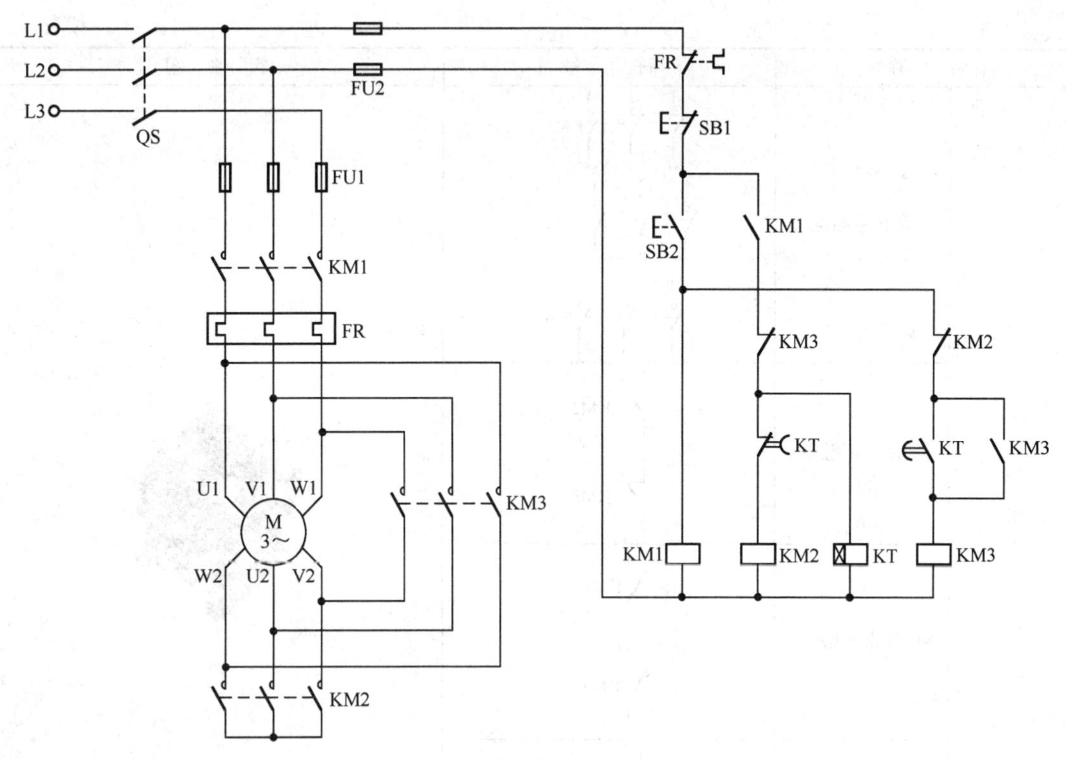

图 1-3-1　Y-△降压起动电气控制原理图

表 1-3-1 给出了 Y-△降压起动电气控制原理图中的符号与实物对照图，请根据下表找出所需电器并对照控制原理图中的符号进行识别。

表 1-3-1　　　　　Y-△降压起动电气控制原理图中的符号与实物对照图

名　称	符　号	实 物 图
三相交流电源	L1 L2 L3	插头　插座
组合开关	QS	
熔断器	FU1 FU2	

续表

名称		符号	实物图
接触器	常开主触点	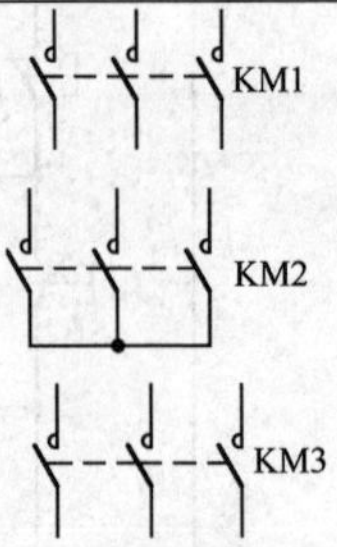 KM1 KM2 KM3	
	辅助常闭触点	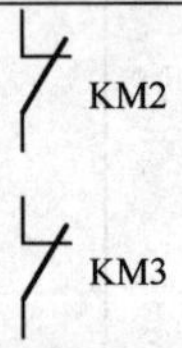 KM2 KM3	
	辅助常开触点	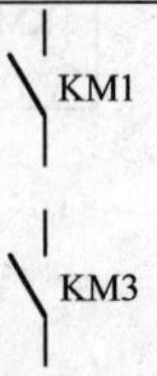 KM1 KM3	
	线圈	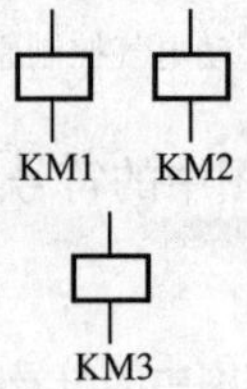 KM1 KM2 KM3	
热继电器	热元件	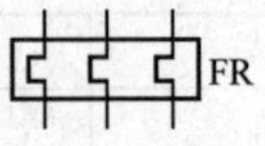 FR	
	常闭触点	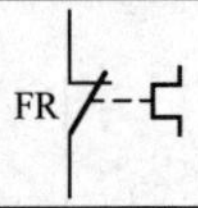 FR	
按钮		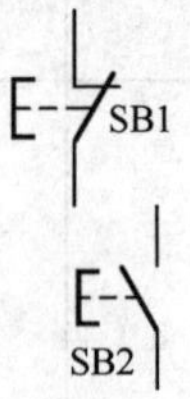 SB1 SB2	
时间继电器	延时断开瞬时闭合的常闭触点	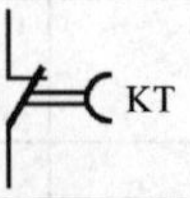 KT	
	延时闭合瞬时断开的常开触点	 KT	
	通电延时线圈	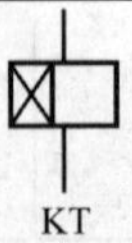 KT	

续表

名　称	符　号	实　物　图
三相异步电动机	U V W M 3～	

二、相关低压电器介绍

1. 组合开关

组合开关又称转换开关，与刀开关的操作不同，它的操作方式是左右旋转的平面式。

组合开关具有多触点、多位置、体积小、性能可靠、操作方便、安装灵活等优点，多用于机床电气控制线路中电源的引入开关，起着隔离电源作用，还可作为直接控制小容量异步电动机不频繁起动和停止的控制开关。组合开关同样也有单极、双极和三极。

关于组合开关的基本知识点介绍，如表 1-3-2 所示。

表 1-3-2　　组合开关的基本介绍

实物图				
结构图	（a）外形图　（b）内部结构			
	1	手柄	6	动触点
	2	转轴	7	静触点
	3	弹簧	8	绝缘方轴
	4	凸轮	9	接线柱
	5	绝缘垫板		

续表

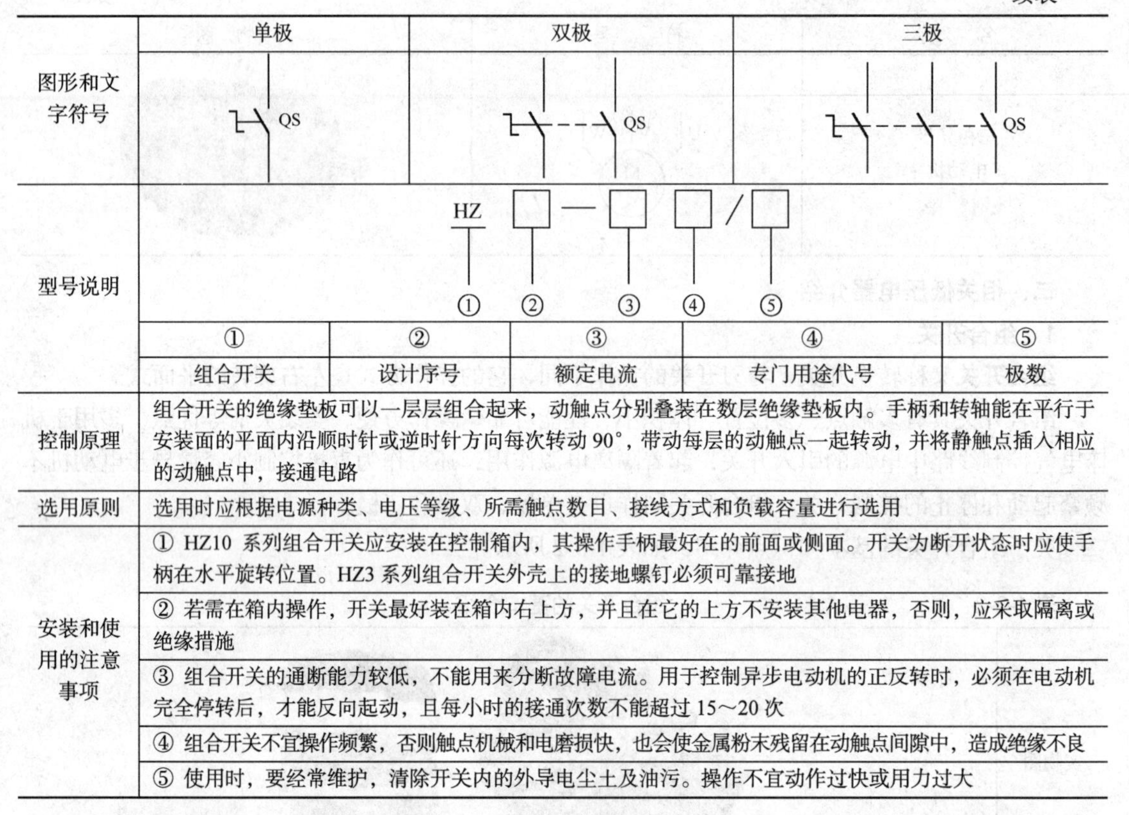

图形和文字符号	单极		双极		三极
	QS		QS		QS
型号说明	HZ □—□ □/□ ① ② ③ ④ ⑤				
	①	②	③	④	⑤
	组合开关	设计序号	额定电流	专门用途代号	极数
控制原理	组合开关的绝缘垫板可以一层层组合起来，动触点分别叠装在数层绝缘垫板内。手柄和转轴能在平行于安装面的平面内沿顺时针或逆时针方向每次转动 90°，带动每层的动触点一起转动，并将静触点插入相应的动触点中，接通电路				
选用原则	选用时应根据电源种类、电压等级、所需触点数目、接线方式和负载容量进行选用				
安装和使用的注意事项	① HZ10 系列组合开关应安装在控制箱内，其操作手柄最好在的前面或侧面。开关为断开状态时应使手柄在水平旋转位置。HZ3 系列组合开关外壳上的接地螺钉必须可靠接地				
	② 若需在箱内操作，开关最好装在箱内右上方，并且在它的上方不安装其他电器，否则，应采取隔离或绝缘措施				
	③ 组合开关的通断能力较低，不能用来分断故障电流。用于控制异步电动机的正反转时，必须在电动机完全停转后，才能反向起动，且每小时的接通次数不能超过 15～20 次				
	④ 组合开关不宜操作频繁，否则触点机械和电磨损快，也会使金属粉末残留在动触点间隙中，造成绝缘不良				
	⑤ 使用时，要经常维护，清除开关内的外导电尘土及油污。操作不宜动作过快或用力过大				

2. 时间继电器

时间继电器是在得到信号后，触点可以延时一段时间才动作的一种继电器，常用于需要按时间顺序进行控制的电气控制电路中。

时间继电器按动作原理和结构特点可分为空气阻尼式、电子式、电磁式、电动式等类型。应用较多的是空气阻尼式。空气阻尼式时间继电器是利用空气阻尼原理获得延时的。按延时方式可分为通电延时型和断电延时型两种。

空气阻尼式时间继电器具有一系列优点，例如结构简单、价格低廉、寿命长、延时范围较大（0.4～180s）、不受电压和频率波动的影响、可做成通电和断电两种延时方式。但其延时误差较大，延时值易受周围环境温度、尘埃等影响。所以常用在延时精度要求不高的场合。

若工作场合要求延时精确，则常采用电子式时间继电器，它具有延时长、调节范围宽、体积小、寿命长，消耗功率小、工作稳定可靠和安装维护方便等优点。

在本任务中我们使用空气阻尼式时间继电器控制电路，有关空气阻尼式时间继电器的基本知识点介绍，如表 1-3-3 所示。

表 1-3-3　　空气阻尼式时间继电器介绍

实物图	

续表

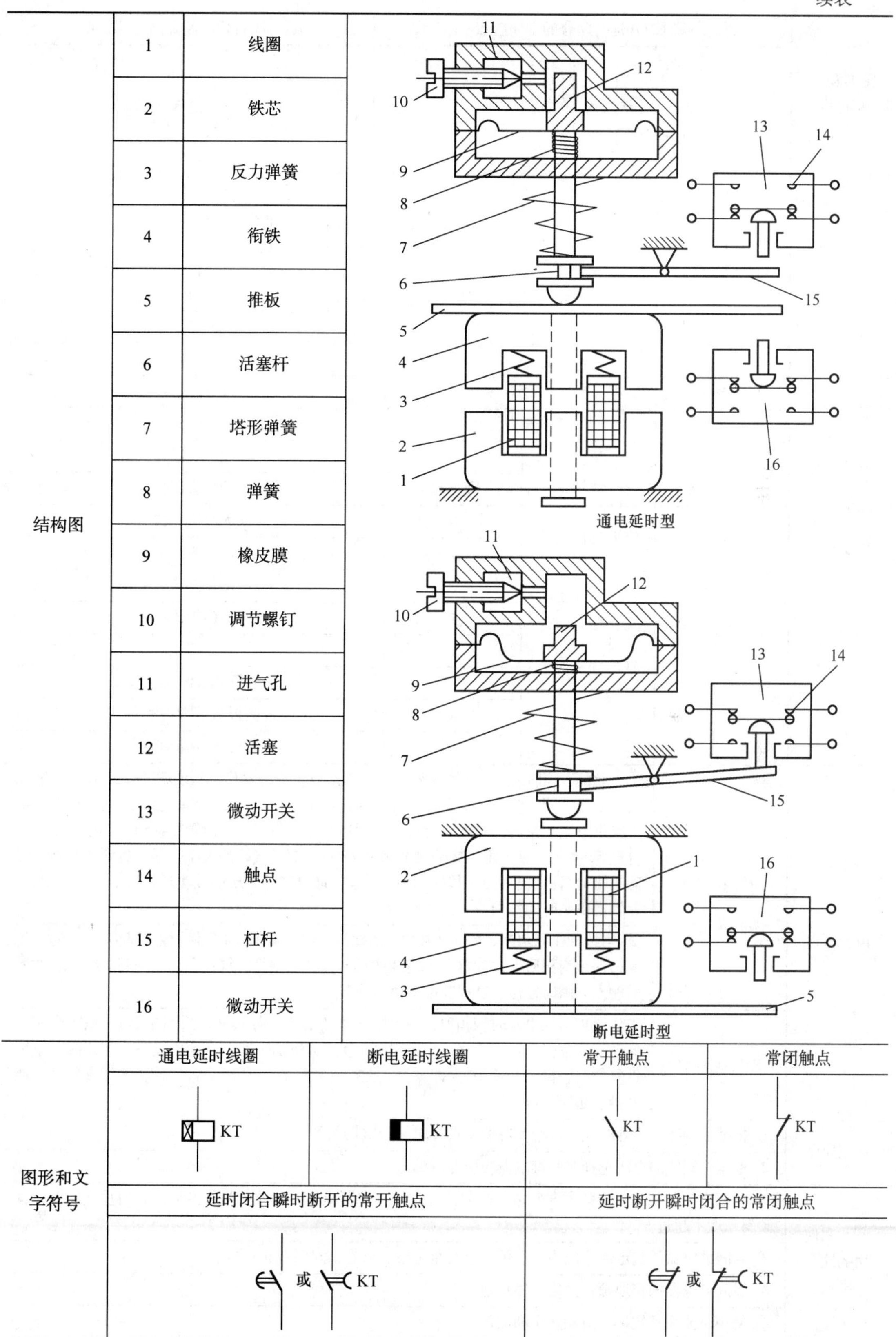

结构图	序号	名称
	1	线圈
	2	铁芯
	3	反力弹簧
	4	衔铁
	5	推板
	6	活塞杆
	7	塔形弹簧
	8	弹簧
	9	橡皮膜
	10	调节螺钉
	11	进气孔
	12	活塞
	13	微动开关
	14	触点
	15	杠杆
	16	微动开关

通电延时型

断电延时型

图形和文字符号	通电延时线圈	断电延时线圈	常开触点	常闭触点
	KT	KT	KT	KT
	延时闭合瞬时断开的常开触点		延时断开瞬时闭合的常闭触点	
	或 KT		或 KT	

续表

	瞬时断开延时闭合的常闭触点		瞬时闭合延时断开的常开触点
图形和文字符号	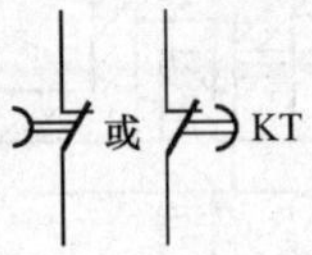 或 KT		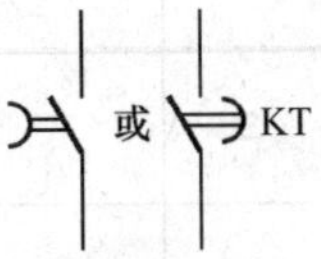 或 KT
型号说明	型号	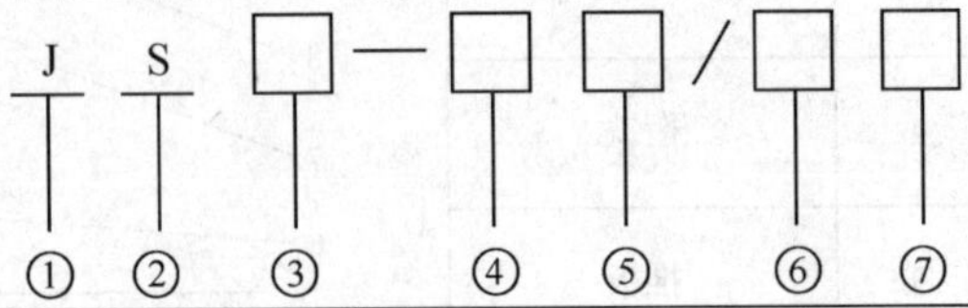 J S □—□□/□□ ① ② ③ ④ ⑤ ⑥ ⑦	
	①	J	继电器
	②	S	时间
	③	20	设计序号
	④	基本规格代号	以数字表示延时时间的上限值
	⑤ 派生代号	D	断电延时
		无字母	通电延时
	⑥ 辅助规格代号	0	无波段开关
		1	带波段开关
	⑦ 辅助规格代号	0	装置式
		1	面板式
		2	外接式
		3	装置式带瞬动触头
		4	面板式带瞬动触头
		5	外接式带瞬动触头
控制原理	通电延时型	① 当线圈 1 得电后，衔铁 3 吸合，带动推板 5 立即动作，压动微动开关 16，使触点瞬时动作。同时活塞杆 6 在塔式弹簧 8 作用下带动活塞 12 及橡皮膜 10 向上移动，橡皮膜下方空气室内的空气变得稀薄，形成负压，活塞杆只能缓慢移动，其移动速度由进气孔 14 的大小决定（旋动调节螺钉 13 可调节进气孔的大小，即可达到调节延时时间长短的目的）。经过一段时间后，活塞杆通过杠杆 7 压动微动开关 15，使触点动作，起到通电延时的作用	
		② 当线圈 1 断电时，衔铁 3 释放，活塞杆 6 将活塞 12 向下推，橡皮膜 10 下方的空气通过活塞肩部所形成的单向阀迅速的排出，使活塞杆、杠杆、微动开关 15 和 16 的各对触点均瞬时复位，这样断电时触点无延时	
	断电延时型	工作原理与通电延时型相似，只是电磁铁的安装方向不同，当线圈通电衔铁吸合时，推动活塞复位，排出空气，压动微动开关 15 和 16，使触点瞬时动作；当线圈断电衔铁释放时，微动开关 16 立即复位，在空气阻尼的作用下，微动开关 15 缓慢复位，使其触点延时复位	
选用原则	① 根据控制线路的延时范围、精度等要求选择时间继电器的类型、延时方式		
	② 根据控制线路电压选择时间继电器吸引线圈的电压		
安装和使用的注意事项	① 按照产品说明书规定的方向安装，必须使时间继电器断电后，释放时衔铁的运动方向垂直向下，其倾斜角度不超过 5°		
	② 时间继电器的整定值，应预先在不通电时整定好，并在试车时校正		
	③ 时间继电器的接地螺钉必须可靠接地		
	④ 使用时要注意维护，清除灰尘和油污		

任务实施

按照三相异步电动机 Y-△降压起动控制原理图进行连线，观察电动机起动过程。

◆ **原理分析**

① 合上 QS。

② 起动：按下按钮 SB2，时间继电器 KT 和接触器 KM1、KM2 的线圈同时得电，KM1 常开触点闭合自锁，KM1 和 KM2 的主触点均闭合，使得电动机星形联结起动。

③ 运行：经过一定时间延时后，电动机转速提高到接近额定转速，时间继电器 KT 延时动断触点断开，使接触器 KM2 线圈失电，其各触点恢复，断开电动机星形联结；KT 延时动合触点闭合，接触器 KM3 线圈得电，KM3 自锁触点闭合自锁，KM3 主触点闭合，使得电动机三角形联结运行。

④ 停车：按下按钮 SB1，接触器 KM1、KM3 线圈失电，各触点复位，电动机断电停转。

注意：当控制电路停止使用时，必须断开 QS。

互锁触点：在 Y-△降压起动控制电路中，当接触器 KM2 线圈得电后，它的常闭触点将接触器 KM3 线圈所在支路断开，保证 KM3 不同时动作。同理，当 KM3 线圈得电后，KM3 常闭触点断开可保证 KM2 不同时动作。这种联锁通常称为“互锁”，即两者存在相互制约关系。起互锁作用的常闭触点称为互锁触点。

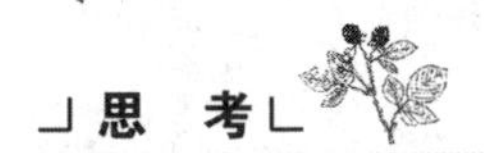

若三相异步电动机正常运行为 Y 接，能否采用 Y-△降压起动？

◆ **实际操作**

1. 器材准备

按照表 1-3-4 所示配齐所有工具、仪表及电器元件，并进行质量检验。

表 1-3-4　　工具、仪表及器材

类别	名称
工具	测电笔
	一字改锥、十字改锥
	尖嘴钳、斜口钳、剥线钳
	电工刀
仪表	万用表
器材	三相异步电动机一台
	三极组合开关一个
	螺旋式熔断器 5 个（其中 3 个用于主电路，2 个用于辅助电路）
	常开按钮一个、常闭按钮一个
	交流接触器三个
	热继电器一个
	时间继电器一个（通电延时型）
	端子板一组
	控制板一块
	导线若干（主电路所用导线的颜色规格应与辅助电路相区别）
	紧固体若干
	编码套管若干

2. 操作步骤

① 在控制板上合理布置电器元件。

② 断开电源，按控制原理图接好线路。接线时要保证电动机三相定子绕组联结的正确性。控制星形联结的接触器 KM2 的进线必须按要求从定子绕组的末端引入，即 U2、V2、W2 端；控制三角形联结的接触器 KM3 的主触点闭合时，应保证定子绕组的 U1 端与 W2 端、V1 端与 U2 端、W1 端与 V2 端相连接。

③ 通电之前，必须征得指导老师同意，并由指导老师接通三相电源，同时在场监护。

④ 学生闭合电源开关 QS 后，用测电笔检查熔断器出线端，氖管亮说明电源接通。

⑤ 先按下控制按钮 SB2，观察并记录电动机的运转情况；然后按下停止按钮 SB1，使电动机停转。如出现故障应会自行排除。

⑥ 调节时间继电器的延时时间，重新起动电动机，记录起动的时间值。调节时间继电器的延时时间，重新起动电动机，记录起动的时间值。

注意：出现故障后，若需带电检修，必须有指导老师在场监护。

3. 注意事项

① 不要随意更改线路和带电触摸电器元件；

② 电动机、刀开关及按钮的金属外壳必须可靠接地；

③ 电源进线应接在螺旋式熔断器的下接线柱，出线则应接在上接线柱上；

④ 按钮内接线时，用力不可过猛，以防螺钉滑扣；

⑤ 用试电笔检查故障时，必须检查试电笔是否符合使用要求；

⑥ 用星形-三角形降压起动控制的电动机，需有 6 个出线端子且定子绕组在三角形联结时的额定电压等于三相电源的线电压；

⑦ 电动机过载热继电器动作后，如需再次起动电动机，必须待热元件冷却后，才能使热继电器复位，一般自动复位时间不大于 5min，手动复位时间不大于 2min；

⑧ 通电试验时，注意观察电动机、各电器元件及线路各部分工作是否正常，如发现异常情况，必须立即切断电源开关 QS；

⑨ 带电检修故障时，必须有教师在现场监护，并要确保用电安全。

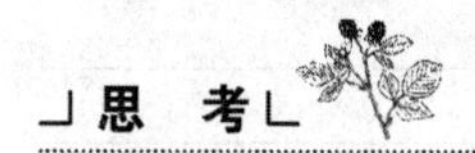

同学小江安装好三相笼型异步电动机 Y-△降压起动控制线路后，发现电动机 Y 起动后不能△运行，请你帮他找出故障原因。

◆ 检测评分

任务完成后，对操作时出现的问题进行分析，找出故障产生原因并排除，将分析结果填入表 1-3-5。

表 1-3-5　评分标准

项目内容	配　分	评分标准		得分情况
装前检查	10	电器元件漏检或错检	每处扣 2 分	
安装元件	10	损坏元件	扣 10 分	
		元件安装不牢固	每只扣 3 分	
		安装不整齐、合理	每只扣 2 分	

续表

<table>
<tr><th>项目内容</th><th>配　分</th><th colspan="4">评分标准</th><th colspan="2">得分情况</th></tr>
<tr><td rowspan="4">布线</td><td rowspan="4">30</td><td colspan="3">不按照原理图接线</td><td>扣 30 分</td><td colspan="2" rowspan="4"></td></tr>
<tr><td colspan="3">损伤导线绝缘或线芯</td><td>每根扣 5 分</td></tr>
<tr><td colspan="3">漏接地线</td><td>扣 10 分</td></tr>
<tr><td colspan="3">连接点不符合标准</td><td>每个扣 1 分</td></tr>
<tr><td rowspan="5">通电运行</td><td rowspan="5">30</td><td colspan="3">整定值未整定或整定错</td><td>扣 10 分</td><td colspan="2" rowspan="5"></td></tr>
<tr><td colspan="3">熔体规格选错</td><td>扣 15 分</td></tr>
<tr><td colspan="3">第一次通电运行不成功</td><td>扣 10 分</td></tr>
<tr><td colspan="3">第二次通电运行不成功</td><td>扣 20 分</td></tr>
<tr><td colspan="3">第三次通电运行不成功</td><td>扣 30 分</td></tr>
<tr><td>安全规程</td><td>10</td><td colspan="3">违反安全文明生产规程</td><td>扣 10 分</td><td colspan="2"></td></tr>
<tr><td>时间安排</td><td>10</td><td colspan="3">超过指导老师规定时间</td><td>每超 5 分钟扣 5 分</td><td colspan="2"></td></tr>
<tr><td>开始时间</td><td></td><td>结束时间</td><td></td><td>实际用时</td><td></td><td>总评成绩</td><td></td></tr>
</table>

◆ **任务反馈**

任务完成后，对操作时出现的问题进行分析，找出故障产生原因并排除，将分析结果填入表 1-3-6。

表 1-3-6　　　　　　　　　　　**任务反馈**

故障现象	产生原因	处理方法
□按下按钮，电动机不起动	□线路连接点不正确或连接点接触不良	
	□按钮常开触点闭合不良或不能闭合	
	□熔断器熔体熔断	
	□接触器触点闭合不良或不能闭合	
	□电动机缺相	
□电动机一直 Y 联结运行，不能转换成△联结运行	□时间继电器线圈不能得电 □时间继电器延时断开常闭触点不能断开	
□电动机 Y 联结运行一会，停止	□接触器 KM2 辅助常闭触点闭合不良或不能闭合	
	□时间继电器延时闭合常开触点闭合不良或不能闭合 □连接导线接触不良	

➤ 任务拓展

一、自耦变压器降压起动方式

自耦变压器降压起动是利用自耦变压器来降低加在电动机三相定子绕组上的电压，达到限制起动电流的目的。

要求：能够识别三相异步电动机的自耦变压器降压起动控制原理图（见图 1-3-2），并根据电气控制原理图进行实体电路连接。

二、定子绕组串电阻降压起动方式

定子绕组串电阻降压起动是指在电动机三相定子绕组串入电阻，起动时利用串入的电阻起降压限流作用；待电动机转速上升一定值时，将电阻切除，使电动机在额定电压下稳定运行。

要求：能够识别三相异步电动机的定子绕组串电阻降压起动自动控制线路（见图 1-3-3），并根据电气控制原理图进行实体电路连接。

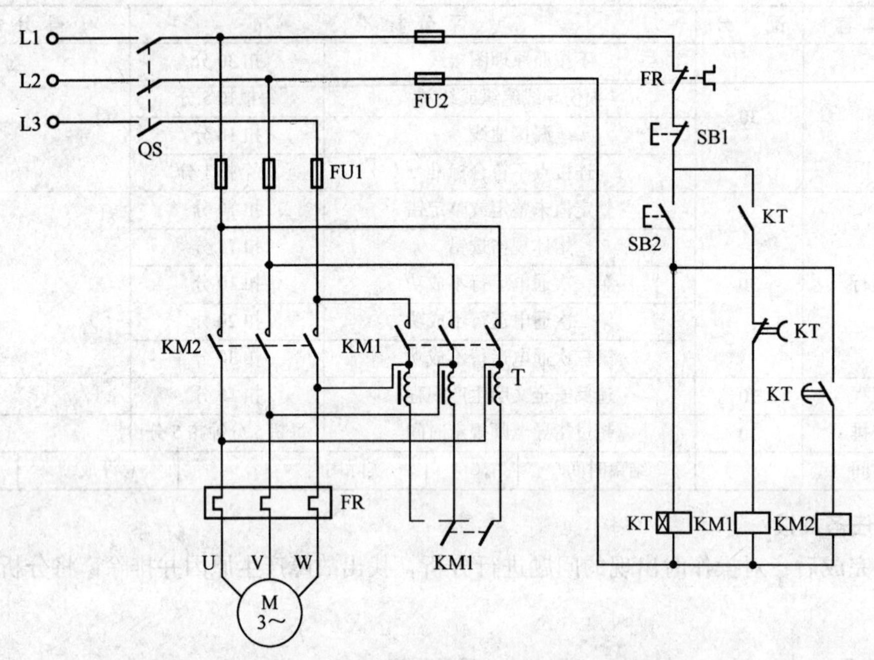

图 1-3-2 三相异步电动机的自耦变压器降压起动控制原理图

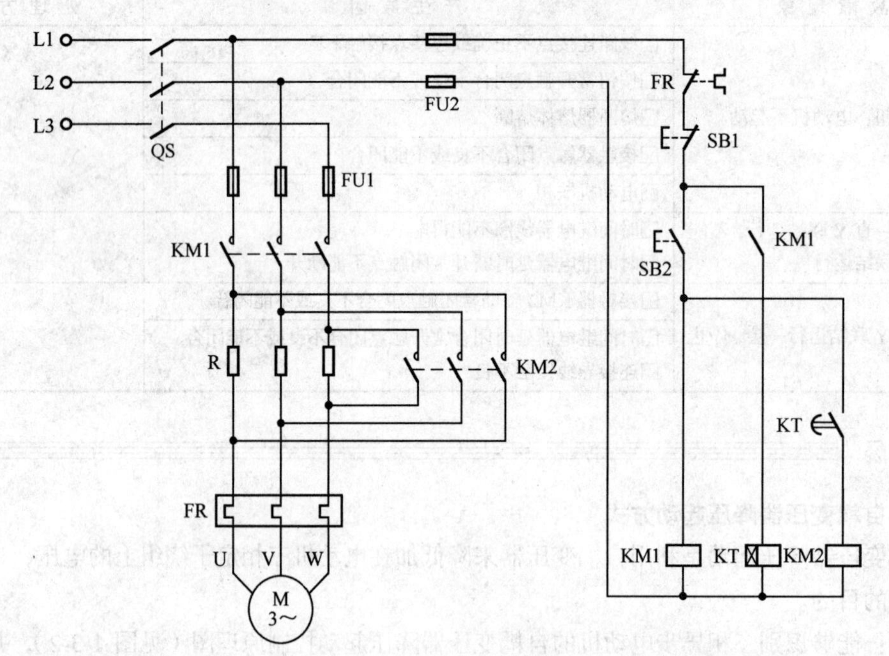

图 1-3-3 三相异步电动机的定子绕组串电阻降压起动自动控制线路

三、延边三角形降压起动方式

延边三角形降压起动是指电动机起动时，把定子绕组的一部分接成“△”形，另一部分接成“Y”形，使整个绕组接成延边三角形，待电动机起动后，再把定子绕组改接成三角形全压运行。

要求：能够识别三相异步电动机的延边三角形降压起动自动控制线路（见图 1-3-4），并根据电气控制原理图进行实体电路连接。

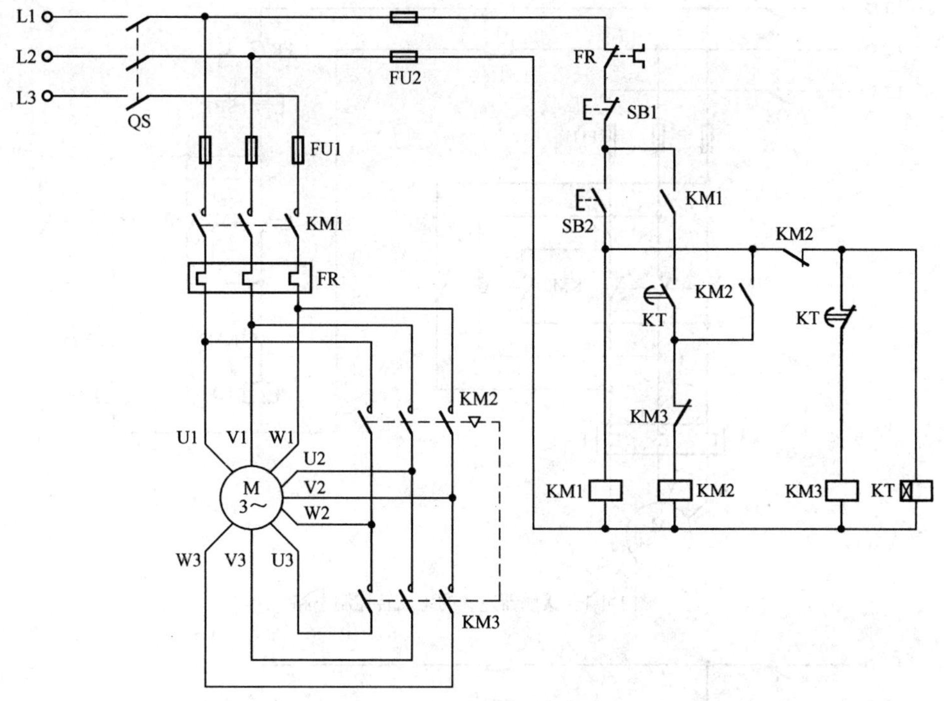

图 1-3-4　三相异步电动机的延边三角形降压起动自动控制线路

任务四　接触器控制三相异步电动机的正反转运行

任务描述

使用接触器控制三相异步电动机的正反转，通过操作按钮来实现三相异步电动机转向的改变。

三相异步电动机的正反转：在生产实际中，许多生产机械的运动部件都有正、反运动的要求，例如主轴的正反转、工作台的前进与后退、起重机的升降等，这就要求电动机能实现正反转。

由三相异步电动机的工作原理可知，只要将电动机定子绕组的三相电源中的任意两相进线对调（即改变三相电源相序），就可以改变电动机的旋转方向。下面介绍两种常用的正反转控制电路。

技能目标

- ❖ 熟悉复式控制按钮的作用及工作原理。
- ❖ 熟悉三相异步电动机改变转向的方法。
- ❖ 能够识别三相异步电动机的正反转控制原理图，并根据电气控制原理图进行实体电路连接。
- ❖ 掌握三相异步电动机正反转控制的基本操作方法和故障处理。

知识准备

本任务所研究的正反转电气控制原理图如图 1-4-1 和图 1-4-2 所示。

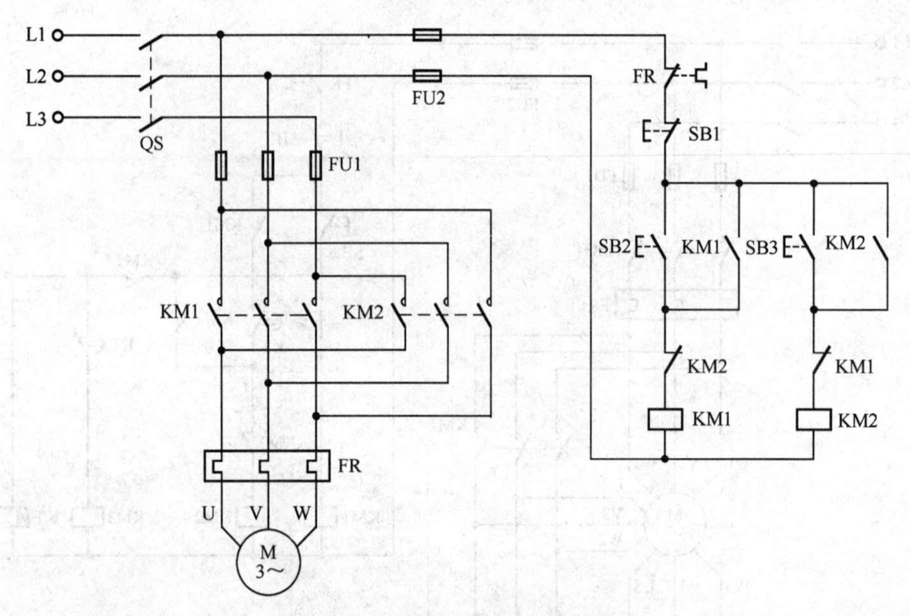

图 1-4-1　接触器连锁的正反转控制电路

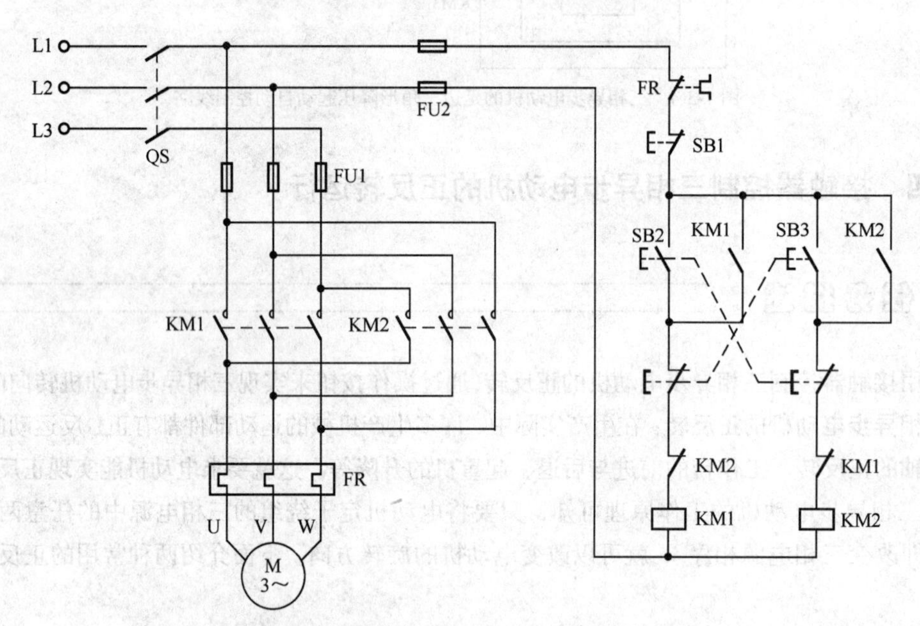

图 1-4-2　按钮、接触器双重连锁的正反转控制电路

其中图 1-4-1 为接触器连锁的正反转控制电路，它所实现的功能是“正→停→反”，这种控制正反转的方式优点为线路简单、安全可靠，缺点为操作不便、换向时间长，在正转变为反转时，必须先按下停止按钮，不能实现正转直接转化反转的功能，因此适用于不频繁换向的场合。

为了弥补接触器连锁正反转控制电路的不足，我们引入了按钮、接触器双重连锁的正反转控制电路（见图 1-4-2），它所实现的功能是“正→反→停”，这种控制方式操作方便，安全可靠，应用广泛。

本任务所用到的低压电器全部为之前所学，故不再列出实物对照表。

当按下复式按钮时，它的常开触点、常闭触点动作有先后顺序吗？

任务实施

◆ 原理分析

1. 接触器连锁的正反转控制电路

① 合上 QS。

② 按下 SB2，接触器 KM1 线圈得电，KM1 常闭触点断开对 KM2 互锁，KM1 的自锁触点和主触点闭合，电动机得电（L1—L2—L3）正转。

③ 若转入电动机反转，必须先按下 SB1，使 KM1 线圈失电，KM1 的各触点复位，解除对 KM2 的互锁；然后再按下 SB3，接触器 KM2 线圈得电，KM2 常闭触点断开对 KM1 互锁，KM2 的自锁触点和主触点闭合，电动机得电（L3—L2—L1）反转。

④ 停止时，按下 SB1，接触器 KM2 线圈失电，其触点复位，电动机断电停转。

需要注意的是，接触器 KM1 和 KM2 的主触点绝对不能同时闭合，否则会发生电源短路故障，所以图中用接触器常闭触点来进行互锁。此控制电路也可以先起动反转再切换到正转，但无论是哪种切换，在进行电动机换向操作时都必须先按下停止按钮 SB1，故而这种电路被称为“正—停—反”控制电路。

2. 按钮、接触器双重连锁的正反转控制电路

① 合上 QS。

② 按下 SB2。SB2 的常闭触点先断开对 KM2 互锁；将复合按钮 SB2 按到底，其常开触点闭合，使接触器 KM1 线圈得电，KM1 常闭触点断开对 KM2 互锁，KM1 的自锁触点和主触点闭合，电动机得电正转。

③ 若切换至反转时，按下 SB3。SB3 的常闭触点先分断开，使 KM1 线圈失电，KM1 的各触点复位，解除对 KM2 的互锁，电动机失电；接着，SB3 的常开触点闭合，接触器 KM2 线圈得电，KM2 常闭触点断开对 KM1 互锁，KM2 的自锁触点和主触点闭合，电动机得电反转。

④ 停止时，按下 SB1，接触器 KM2 线圈失电，其触点复位，电动机断电停转。

思 考

复式按钮 SB2、SB3 具有互锁功能吗？如果有，那 KM1 和 KM2 的互锁触点可以去掉吗？

◆ 实际操作

1. 接触器连锁的正反转控制电路

（1）器材准备

按照表 1-4-1 所示配齐所有工具、仪表及电器元件，并进行质量检验。

表 1-4-1　　工具、仪表及器材

类别	名称
工具	测电笔
	一字改锥、十字改锥
	尖嘴钳、斜口钳、剥线钳
	电工刀
仪表	万用表
器材	三相异步电动机一台
	三极刀开关一个

续表

器材	螺旋式熔断器 5 个（其中 3 个用于主电路，2 个用于辅助电路）
	常开按钮二个、常闭按钮一个
	交流接触器二个
	热继电器一个
	端子板一组
	控制板一块
	导线若干（主电路所用导线的颜色规格应与辅助电路相区别）
	紧固体若干
	编码套管若干

（2）操作步骤

① 在控制板上合理布置电器元件。

② 断开电源，按电气控制原理图接线。

③ 通电之前，必须征得指导老师同意，并由指导老师接通三相电源，同时在场监护。

④ 检查接线的正确性后，学生闭合电源开关 QS，用测电笔检查熔断器出线端，氖管亮说明电源接通。

⑤ 先按下起动按钮 SB2，观察并记录电动机的运转情况（特别是电动机的转向），注意观察有无互锁作用；再按下停止按钮 SB1，使电动机停转；然后，按下按钮 SB3，观察并记录电动机的运转情况（特别是电动机的转向），观察有无互锁作用。

⑥ 先后按下控制按钮 SB3、SB1、SB2，观察并记录电动机的运转变化情况。

⑦ 先后按下控制按钮 SB2、SB3、SB1，观察并记录电动机的运转情况。

⑧ 先后按下控制按钮 SB3、SB2、SB1，观察并记录电动机的运转情况。

⑨ 实验完毕切断实验线路电源。

注意：出现故障后，若需带电检修，必须有指导老师在场监护。

（3）注意事项

① 不要随意更改线路和带电触摸电器元件；

② 电动机、刀开关及按钮的金属外壳必须可靠接地；

③ 电源进线应接在螺旋式熔断器的下接线柱，出线则应接在上接线柱上；

④ 按钮内接线时，用力不可过猛，以防螺钉滑扣；

⑤ 用试电笔检查故障时，必须检查试电笔是否符合使用要求。

2. 按钮、接触器双重连锁的正反转控制电路

（1）器材准备

按照表 1-4-2 所示配齐所有工具、仪表及电器元件，并进行质量检验。

表 1-4-2　　工具、仪表及器材

工具	测电笔
	一字改锥、十字改锥
	尖嘴钳、斜口钳、剥线钳
	电工刀
仪表	万用表
器材	三相异步电动机一台

续表

器材	三极刀开关一个
	螺旋式熔断器 5 个（其中 3 个用于主电路，2 个用于辅助电路）
	复式按钮二个、常闭按钮一个
	交流接触器二个
	热继电器一个
	端子板一组
	控制板一块
	导线若干（主电路所用导线的颜色规格应与辅助电路相区别）
	紧固体若干
	编码套管若干

（2）操作步骤

① 在控制板上合理布置电器元件。

② 断开电源，按电气控制原理图接线。

③ 通电之前，必须征得指导老师同意，并由指导老师接通三相电源，同时在场监护。

④ 检查接线的正确性后，学生闭合电源开关 QS，用测电笔检查熔断器出线端，氖管亮说明电源接通。

⑤ 先按下起动按钮 SB2，观察并记录电动机的运转情况（特别是电动机的转向），注意观察有无互锁作用；再按下按钮 SB3，观察并记录电动机的运转变化情况，观察有无互锁作用；然后按下停止按钮 SB1，使电动机停转。

⑥ 先按下起动按钮 SB3，观察并记录电动机的运转情况；再按下按钮 SB2，观察并记录电动机的运转变化情况；然后按下停止按钮 SB1，使电动机停转。

⑦ 先后按下控制按钮 SB2、SB1、SB3，观察并记录电动机的运转情况。

⑧ 先后按下控制按钮 SB3、SB1、SB2，观察并记录电动机的运转情况。

（3）注意事项

① 接触器的互锁触点接线必须保证正确，否则会造成主电路中电源两相短路事故。

② 通电试验时，注意观察电动机、各电器元件及线路各部分工作是否正常。如发现异常情况，必须立即切断电源开关 QS。

③ 带电检修故障时，必须有教师在现场监护，并要确保用电安全。

◆ **检测评分**

将学生任务完成情况的检测与评价填入表 1-4-3。

表 1-4-3　　**评分标准**

项目内容	配分	评分标准		得分情况
装前检查	10	电器元件漏检或错检	每处扣 2 分	
安装元件	10	损坏元件	扣 10 分	
		元件安装不牢固	每只扣 3 分	
		安装不整齐、不合理	每只扣 2 分	
布线	30	不按照原理图接线	扣 30 分	
		损伤导线绝缘或线芯	每根扣 5 分	
		漏接地线	扣 10 分	
		连接点不符合标准	每个扣 1 分	

续表

项目内容	配分	评分标准		得分情况
通电运行	30	第一次通电运行不成功	扣 10 分	
		第二次通电运行不成功	扣 20 分	
		第三次通电运行不成功	扣 30 分	
安全规程	10	违反安全文明生产规程	扣 10 分	
时间安排	10	超过指导老师规定时间	每超 5 分钟扣 5 分	
开始时间	结束时间	实际用时	总评成绩	

◆ **任务反馈**

任务完成后，对操作时出现的问题进行分析，找出故障产生原因并排除，将分析结果填入表 1-4-4。

表 1-4-4　任务反馈

故障现象	产生原因	处理方法
□按下按钮，电动机不起动	□线路连接点不正确或连接点接触不良	
	□按钮常开触点闭合不良或不能闭合	
	□熔断器熔体熔断	
	□接触器触点闭合不良或不能闭合	
	□电动机缺相	
□电源短路，熔断器熔断	□导线连接错误	
□松开按钮，电动机不停止	□按钮复位弹簧不能完全复位	
	□接触器反作用弹簧失效	

任务五　三相异步电动机的反接制动

任务描述

使用接触器、速度继电器控制三相异步电动机的反接制动，使三相异步电动机通过速度继电器的控制作用来实现反接制动。

运行中的电动机被切断电源后，由于惯性作用，需要一定时间才能停止运转，而有些生产机械要求电动机断电后迅速停转，例如万能铣床、卧式镗床等。这就要求对电动机进行**制动**，强迫其立即停车。

制动方法一般有机械制动和电气制动两大类。**机械制动**是利用电磁抱闸制动器、液压制动器等机械装置来制动的；而**电气制动**是在电动机断电停车过程中，产生一个与转子原来旋转方向相反的电磁转矩（制动转矩），迫使电动机迅速制动停转。机床上常用的电气制动方法有反接制动、能耗制动和电容制动等。

所谓**反接制动**，就是利用改变电动机定子绕组中的三相电源相序，使定子绕组产生反向旋转磁场，从而使转子受到与其转向相反的电磁转矩而制动。必须注意的是，当电动机的转速接近于零时，应立即切断电源，否则电动机将会反转。控制电路中通常用速度继电器来实现这一要求。速度继电器与电动机同轴相连，一般转速在 120～3 000r/min 范围内，速度继电器触点动作，当转速低于 100r/min 时，其触点复位。另外，由于反接制动电流较大，制动时需在定子绕组所在回路中串入电阻来限制制动电流。

➤ 技能目标

- ❖ 熟悉速度继电器的作用及工作原理。
- ❖ 熟悉三相异步电动机的反接制动原理。
- ❖ 能够识别反接制动电气控制原理图，并根据电气控制原理图进行实体电路连接。
- ❖ 掌握三相异步电动机反接制动电气控制的基本操作方法和故障处理。

➤ 知识准备

一、反接制动电气控制原理图

本任务所研究的反接制动电气控制原理图如图 1-5-1 所示。

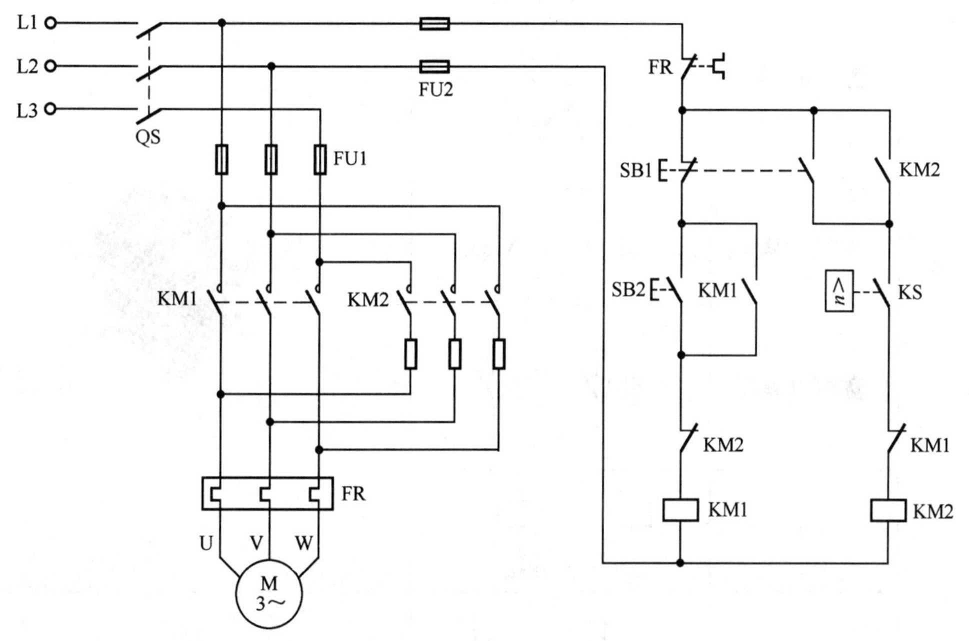

图 1-5-1　反接制动电气控制原理图

表 1-5-1 所示为反接制动电气控制原理图中的符号与实物对照图，请根据下表找出所需电器并对照控制原理图中的符号进行识别。

表 1-5-1　　反接制动电气控制原理图中的符号与实物对照图

名　称	符　号	实 物 图
三相交流电源	L1 L2 L3	插头　插座

续表

名　称		符　号	实 物 图
三极刀开关		QS	
熔断器		FU1 FU2	
接触器	主常开触点	KM1 KM2	
	辅助常开触点	KM1　KM2	
	辅助常闭触点	KM1　KM2	
	线圈	KM1　KM2	
按钮	复合按钮	SB1	
	常开按钮	SB2	
热继电器	热元件	FR	
	常闭触点	FR	

续表

名　称	符　号	实 物 图
速度继电器常开触点	n> KS	
三相异步电动机	U V W M 3～	

二、相关低压电器介绍

速度继电器又称为反接制动继电器，其主要作用是与接触器配合实现对电动机的反接制动控制。关于速度继电器的基本知识点介绍，如表 1-5-2 所示。

表 1-5-2　　速度继电器的基本介绍

<table>
<tr><td>实物图</td><td colspan="6"></td></tr>
<tr><td rowspan="8">结构图</td><td>1</td><td colspan="2">转子</td><td colspan="3" rowspan="8">1 2 3 4 5 6 7 8</td></tr>
<tr><td>2</td><td colspan="2">电动机轴</td></tr>
<tr><td>3</td><td colspan="2">定子</td></tr>
<tr><td>4</td><td colspan="2">绕组</td></tr>
<tr><td>5</td><td colspan="2">定子柄</td></tr>
<tr><td>6</td><td colspan="2">簧片</td></tr>
<tr><td>7</td><td colspan="2">动触点</td></tr>
<tr><td>8</td><td colspan="2">静触点</td></tr>
<tr><td rowspan="6">图形和文字符号</td><td colspan="2">转子</td><td colspan="2">常开触点</td><td colspan="2">常闭触点</td></tr>
<tr><td colspan="2">KS</td><td colspan="2">n> KS</td><td colspan="2">n> KS</td></tr>
<tr><td colspan="6">J F Z □ — □
① ② ③ ④ ⑤</td></tr>
<tr><td>①</td><td>J</td><td>继电器</td><td>④</td><td colspan="2">设计序号</td></tr>
<tr><td>②</td><td>F</td><td>反接</td><td>⑤</td><td colspan="2">转速等级</td></tr>
<tr><td>③</td><td>Z</td><td>制动</td><td></td><td colspan="2"></td></tr>
</table>

续表

控制原理	定子的结构与鼠笼型异步电动机相似，是一个笼型空心环，由硅钢片叠成，并装有笼型绕组。转子是一块圆柱形永久磁铁 速度继电器转子的轴与被控电动机的轴相连接，当电动机转动时，速度继电器的转子随之转动，在空间上形成旋转磁场，定子绕组被动切割磁力线产生感应电动势和感应电流，此电流在旋转磁场的作用下产生转矩，使定子随着转子的转向偏摆，通过定子柄拨动触点动作。当电动机转速低于某一设定值时，定子产生的转矩减小，触点在簧片的作用下复位
选用原则	根据所需控制的转速大小、触点数量和电压、电流来选择
安装和使用的注意事项	①速度继电器的转轴应与电动机同轴连接，使两轴中心线重合
	②安装接线时，应注意正反向触点不能接错，否则将不能实现反接制动控制
	③速度继电器的金属外壳必须可靠接地

任务实施

按照三相异步电动机反接制动控制原理图进行连线，观察电动机起动过程。

◆ 原理分析

① 合上 QS。

② 起动时，按下 SB2。接触器 KM1 线圈得电，KM1 互锁触点断开，KM1 的自锁触点和主触点闭合，电动机起动运行；当转速上升到 120r/min 左右时，速度继电器 KS 的常开触点闭合，为制动作准备。

③ 若要制动时，按下 SB1。SB1 的常闭触点先分断使 KM1 线圈失电，KM1 的各触点复位，电动机暂时断电，但仍靠惯性继续旋转；SB1 的常开触点再闭合，接触器 KM2 线圈得电，KM2 互锁触点断开，KM2 的自锁触点和主触点闭合，电动机串接限流电阻 R 反接制动。当转速下降到 100r/min 时，速度继电器的常开触点复位断开，KM2 线圈失电，其触点复位，切断电动机的反序电源，制动结束。

反接制动制动迅速，但冲击较大，对传动部件有害，能量损耗也很大。一般用于不经常起动、制动，要求制动迅速的设备中，例如铣床、镗床等主轴的制动控制。

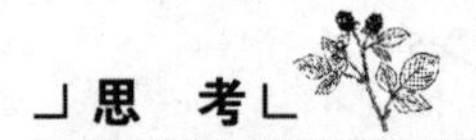

控制线路中主电路的 3 个电阻起什么作用？

◆ 实际操作

1. 器材准备

按照表 1-5-3 所示配齐所有工具、仪表及电器元件，并进行质量检验。

表 1-5-3 工具、仪表及器材

工具	测电笔
	一字改锥、十字改锥
	尖嘴钳、斜口钳、剥线钳
	电工刀
仪表	万用表
器材	三相异步电动机一台
	三极组合开关一个
	螺旋式熔断器 5 个（其中 3 个用于主电路，2 个用于辅助电路）

续表

器材	常开按钮一个、常闭按钮一个
	交流接触器 3 个
	热继电器一个
	速度继电器一个
	电阻 3 个
	端子板一组
	控制板一块
	导线若干（主电路所用导线的颜色规格应与辅助电路相区别）
	紧固体若干
	编码套管若干

2. 操作步骤

① 在控制板上合理布置电器元件。

② 按控制原理图接好线路，注意接线时，先接负载端再接电源端；先接主电路，后接辅助电路，接线顺序从上到下。

③ 通电之前，必须征得指导老师同意，并由指导老师接通三相电源，同时在场监护。

④ 学生闭合电源开关 QS 后，用测电笔检查熔断器出线端，氖管亮说明电源接通。

⑤ 检查无误后，合上电源开关 QS。先按下控制按钮 SB2，使电动机起动；再按下按钮 SB1，观察并记录电动机运转情况。

⑥ 实验完毕切断实验线路电源。

注意：出现故障后，若需带电检修，必须有指导老师在场监护。

3. 注意事项

① 不要随意更改线路和带电触摸电器元件。

② 电动机、刀开关及按钮的金属外壳必须可靠接地。

③ 电源进线应接在螺旋式熔断器的下接线柱，出线则应接在上接线柱上。

④ 用试电笔检查故障时，必须检查试电笔是否符合使用要求。

⑤ 接触器 KM1 与 KM2 的互锁触点接线必须保证正确，否则会造成主电路中电源两相短路事故。

⑥ 安装速度继电器之前，要弄清其结构，辨明常开触点的接线端。速度继电器的连接头与电动机转轴直接相连，并且两轴中心线要重合。

⑦ 进行制动时，停止按钮 SB1 要按到底。

⑧ 通电试验时，若制动不正常，可检查速度继电器是否符合规定要求。若需要调节速度继电器的调整螺钉，则必须断开电源，否则会出现相对地短路而引起事故。

⑨ 通电试验时，注意观察电动机、各电器元件及线路各部分工作是否正常。如发现异常情况，必须立即切断电源开关 QS。

⑩ 带电检修故障时，必须有教师在现场监护，并要确保用电安全。

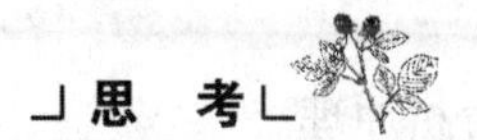

同学小张安装好三相笼型异步电动机点动控制线路后，发现按下按钮 SB，电动机不能转动，请你帮他查出故障原因。

◆ **检测评分**

将学生任务完成情况的检测与评价填入表 1-5-4。

表 1-5-4 评分标准

项目内容	配分	评分标准		得分情况
装前检查	10	电器元件漏检或错检	每处扣 2 分	
安装元件	10	损坏元件	扣 10 分	
		元件安装不牢固	每只扣 3 分	
		安装不整齐、不合理	每只扣 2 分	
布线	30	不按照原理图接线	扣 30 分	
		损伤导线绝缘或线芯	每根扣 5 分	
		漏接地线	扣 10 分	
		连接点不符合标准	每个扣 1 分	
通电运行	30	第一次通电运行不成功	扣 10 分	
		第二次通电运行不成功	扣 20 分	
		第三次通电运行不成功	扣 30 分	
安全规程	10	违反安全文明生产规程	扣 10 分	
时间安排	10	超过指导老师规定时间	每超 5 分钟扣 5 分	
开始时间	结束时间	实际用时	总评成绩	

◆ **任务反馈**

任务完成后，对操作时出现的问题进行分析，找出故障产生原因并排除，将分析结果填入表 1-5-5。

表 1-5-5 任务反馈

故障现象	产生原因	处理方法
□按下按钮，电动机不起动	□线路连接点不正确或连接点接触不良	
	□按钮常开触点闭合不良或不能闭合	
	□熔断器熔体熔断	
	□接触器触点闭合不良或不能闭合	
	□电动机缺相	
□按下按钮，电动机起动，松开按钮，电动机停止	□接触器的自锁触点闭合不良或不能闭合	
□按下按钮 SB1，电动机不能制动	□速度继电器转速较高时，常开触点未闭合	
□松开按钮，电动机不停止	□按钮复位弹簧不能完全复位	
	□接触器反作用弹簧失效	

➤ 任务拓展

能耗制动

要求：能够按照单相异步电动机能耗制动控制原理图连接电路，并独立分析原理。

三相异步电动机要停车时，在切断三相电源的同时，给定子绕组接通直流电源，产生静止磁场，利用转子感应电流和静止磁场的作用，产生电磁转矩来制动，这种制动方法即能耗制动。

能耗制动制动平稳、准确，且能量损耗小，但需要附加直流电源设备，成本较高。其适用于起动、制动频繁，要求制动平稳、准确的场合，例如起重机吊钩的定位等。

图 1-5-2 所示为三相异步电动机能耗制动的控制原理图。

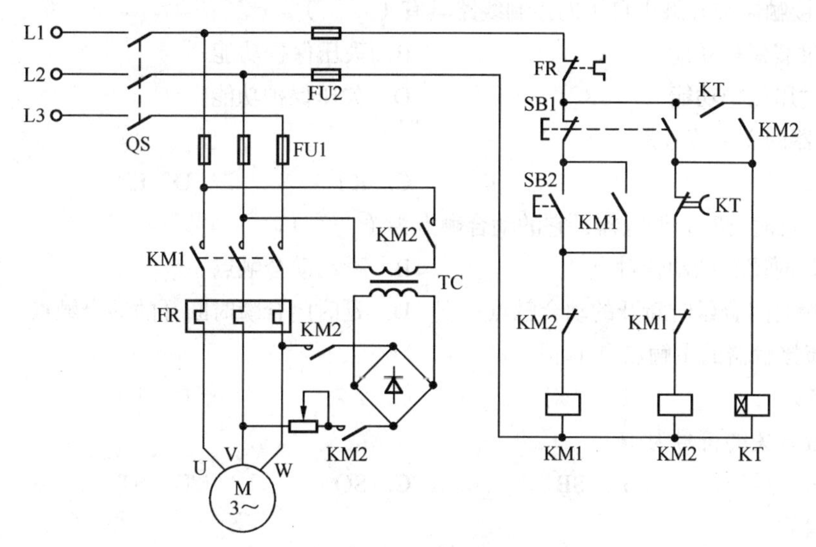

图 1-5-2 三相异步电动机能耗制动的控制原理图

思考与练习 

一、选择题

1. 下列电器哪一种不是自动电器（ ）

   A. 组合开关 B. 直流接触器 C. 继电器 C. 热继电器

2. 接触器的常态是指（ ）

   A. 线圈未通电情况 B. 线圈带电情况

   C. 触头断开时 D. 触头动作

3. 采用交流接触器、按钮等构成的鼠笼式异步电动机直接启动控制电路, 在合上电源开关后, 电动机启动、停止控制都正常，但转向反了，原因是（ ）

   A. 接触器线圈反相 B. 控制回路自锁触头有问题

   C. 引入电动机的电源相序错误 D. 电动机接法不符合铭牌

4. 由接触器、按钮等构成的电动机直接启动控制回路中, 如漏接自锁环节, 其后果是（ ）

   A. 电动机无法启动 B. 电动机只能点动

   C. 电动机启动正常，但无法停机 D. 电动机无法停止

5. 下列电器不能用来通断主电路的是（ ）

   A. 接触器 B. 自动空气开关 C. 刀开关 D. 热继电器

6. 在鼠笼式异步电动机反接制动过程中，当电动机转速降至很低时，应立即切断电源，防止（ ）

   A. 损坏电动机 B. 电动机反转 C. 电动机堵转 D. 电动机失控

7. 复合按钮在按下时其触头动作情况是（　　）

A. 常开触头先接通，常闭触头后断开

B. 常闭触头先断开，常开触头后接通

C. 常开触头接通与常闭触头断开同时进行

8. 采用接触器常开触头自锁的控制线路具有（　　）

A. 过载保护功能　　B. 失压保护功能

C. 过压保护功能　　D. 欠压保护功能

9. 接触器的文字符号是（　　）

A. KM　　B. KS　　C. KT　　D. KA

10. 断电延时型时间继电器，它的动合触点为（　　）

A. 延时闭合的动合触点　　B. 瞬动动合触点

C. 瞬时闭合延时断开的动合触点　　D. 延时闭合瞬时断开的动合触点

11. 交流接触器的主触点有（　　）

A. 5 对　　B. 7 对　　C. 2 对　　D. 3 对

12. 行程开关的符号为（　　）

A. SK　　B. SB　　C. SQ　　D. ST

二、简答题

1. 何为低压电器?

2. 接触器由几部分组成?

3. 简述接触器的工作原理。

4. 低压断路器与普通开关有何异同?

5. 试述各种时间继电器的工作原理?

6. 熔断器主要由哪几部分组成？各部分的作用是什么?

7. 热继电器能否作短路保护？为什么?

8. 中间继电器与交流接触器有什么区别？什么情况下可用中间继电器代替交流接触器使用?

9. 在电动机控制接线中，主电路中装有熔断器，为什么还要加装热继电器？它们各起何作用，能否互相代替？而在电热及照明线路中，为什么只装熔断器而不装热继电器?

10. 电动机点动控制电路与连续控制电路的关键环节是什么？其主电路上又有何区别（从电动机保护的角度分析）?

11. 实现电动机正、反转互锁控制的方法有几种？其操作方式有什么不同?

12. 何为制动？三相异步电动机反接制动与能耗制动有何特点?

三、画出下列电器元件的图形符号，并标出其文字符号。

（1）熔断器；（2）热继电器的常闭触点；（3）复合按钮；（4）时间继电器的通电延时闭合触点；（5）时间继电器的通电延时打开触点；（6）热继电器的热元件；（7）时间继电器的断电延时打开触点；（8）时间继电器的断电延时闭合触点；（9）接触器的线圈；（10）中间继电器的线圈；（11）欠电流继电器的常开触点；（12）时间继电器的瞬动常开触点；（13）复合限位开关；（14）中间继电器的常开触点；（15）通电延时继电器的线圈；（16）断电延时继电器的线圈。

四、试分析题图 1–1 所示控制线路的工作过程．该线路实现的是哪种控制？

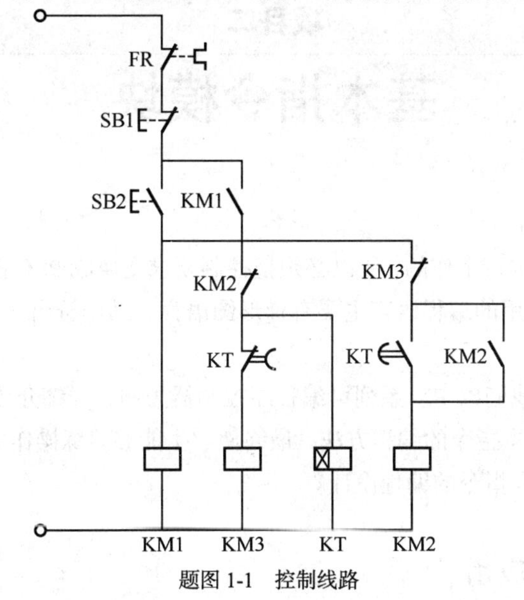

题图 1-1　控制线路

项目二

基本指令模块

PLC 是以程序的形式进行工作的，所以必须把控制要求变换成 PLC 能接受并执行的程序。编制程序采用语言，PLC 常用的编程语言主要有梯形图语言、助记符语言（语句表），通常这两种语言同时配合使用。

在本项目的学习中，我们以 FX 系列可编程序控制器为例，详细介绍可编程序控制器编程软件的操作方法及 PLC 中基本指令的编程方法，最终使学生能够熟练操作 FX 系列可编程序控制器的操作软件，并能进行基本指令的编程设计。

任务一　编程软件的应用

任务描述

用 FX 系列可编程序控制器编程软件将梯形图和指令输入 PLC，会用编程软件修改、调试、检测程序。

梯形图是 PLC 使用得最多的图形编程语言，被称为 PLC 的第一编程语言。梯形图与电器控制系统的电路图很相似，具有直观易懂的优点，很容易被工厂电气人员掌握，特别适用于开关量逻辑控制。梯形图常被称为电路或程序，梯形图的设计称为**编程**。

技能目标

- 掌握 FX 系列可编程序控制器的编程软件的基本使用方法。
- 熟练使用 FX 系列可编程序控制器的编程软件进行编程和调试程序。

知识准备

一、PLC 的产生及定义

我们在上一个项目中所介绍到的接触器-继电器控制电路，能完成各种逻辑控制，实现弱电对强电的控制，因而得到广泛的应用。但是继电器-接触器控制系统存在很多缺点，如设备体积大、开关动作慢、功能少、接线复杂、触点容易损坏、改接麻烦、灵活性较差。为了改进继电器-接触器控制电路，在 1969 年美国的汽车工业（通用汽车有限公司）中首先应用可编程序控制器取代了当时生产线上的继电器控制系统，那时的可编程序控制器只能用于执行逻辑判断、计时、计数等顺序控制功能，所以被称为可编程序逻辑控制器（Programmable Logitech Controller，PLC）。

目前，随着半导体技术及微机技术的发展 PLC 也采用微处理器作为中央处理器，输入输出单元和外围电路也都采用了中、大规模，甚至超大规模的集成电路，使 PLC 具有多种优点，形成了各种规格的系列产品，已成为一种新型的工业自动控制标准设备。这时的 PLC 已不再是仅有逻辑判断功能，同时还具有数据处理 PID 控制和数据通信功能，因此被称为可编程序控制器（Programmable Controller，PC），为了和个人计算机的简称 PC 区分开，所以对可编程序控制器仍沿用以前的 PLC 的简称。

图 2-1-1　西门子 S 系列 PLC

1987 年 2 月，国际电工委员会（IEC）在可编程序控制器的标准草案中作了如下定义：可编程序控制器是一种数字运算操作的电子系统，专为在工业环境应用而设计，它采用了可编程序的存储器，用来在其内部储存逻辑运算、顺序控制、定时、计数和算数运算等操作的指令，并通过数字式和模拟式输入输出，控制各种类型的机械和生产过程。可编程序控制器及其有关外围设备，都应按易于与工业控制系连成同一个整体、易于扩充其功能的原则设计。

现阶段，在我国市场上主要的 PLC 品牌有德国西门子公司生产的 S 系列的 PLC（见图 2-1-1），日本三菱（MITSUBISHI）公司生产的 F 系列的 PLC（见图 2-1-2），日本立石（OMRON，欧姆龙）公司生产的 C 系列的 PLC（见图 2-1-3）等。

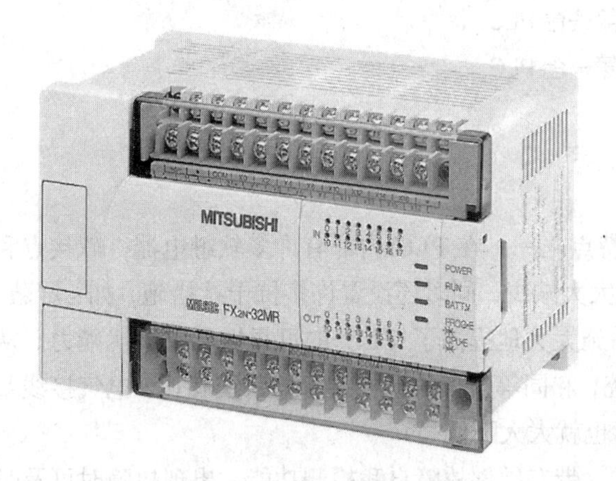

图 2-1-2　三菱 F 系列 PLC

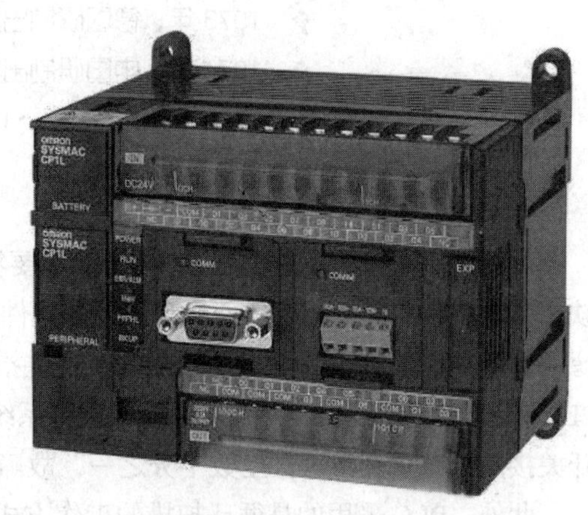

图 2-1-3　欧姆龙 C 系列 PLC

虽然各种 PLC 产品的内部结构不相同，同一系列的 PLC 内部结构也不相同，但是其工作原理及编程方法是一样的，在以下的学习当中，我们主要以三菱 FX_{2N} 系列的 PLC 为例来继续介绍 PLC 的基本知识。

专题　PLC 的发展史

随着工业生产的不断发展，接触器-继电器控制系统体现出了种种不足，在这种情况下，美国通用汽车公司（GM）于 1968 年以用户身份提出了新一代控制器应具备的十大条件：

① 软连接代替硬接线；

② 维护方便；

③ 可靠性高于继电器控制柜；

④ 体积小于继电器控制柜；

⑤ 成本低于继电器控制柜；

⑥ 有数据通信功能；

⑦ 输入 115V 电源；

⑧ 可在恶劣环境下工作；

⑨ 扩展时，原系统变更要少；

⑩ 用户程序存储容量可扩展到 4K。

新要求的核心思想为：

❖ 用程序代替硬接线；

❖ 输入/输出电平可与外部装置直接相连；

❖ 结构易于扩展。

这就是 PLC 的雏形。

在这种思想的指导下，1969 年美国数字设备公司（DEC）研制出世界上第一台 PLC（PDP-14），并在 GM 公司汽车生产线上应用成功，标志着 PLC 的诞生。

❖ 1969 年，美国研制出世界第一台 PLC（PDP-14）；

❖ 1971 年，日本研制出第一台 PLC（DCS-8）；

❖ 1973 年，德国研制出第一台 PLC；

❖ 1974 年，中国研制出第一台 PLC。

二、PLC 的特点

1. 可靠性高，抗干扰能力强

可靠性高、抗干扰能力强是 PLC 的主要特点之一，在 PLC 内部有许多软继电器，软接点和软接线，控制功能主要由软件实现，外部硬件大大减少，同时还设置许多抗干扰措施，如：屏蔽、滤波、隔离、故障论断及自动恢复等，这些措施大大地提高了 PLC 的可靠性和抗干扰能力。从 PLC 的机外电路来说，使用 PLC 构成控制系统，和同等规模的继电接触器系统相比，电气接线及开关接点已减少到数百甚至数千分之一，故障也就大大降低。

此外，PLC 采用的是循环扫描的工作方式，带有硬件故障自我检测功能，出现故障时可及时发出警报信息。在应用软件中，应用者还可以编入外围器件的故障自诊断程序，使系统中除 PLC 以外的电路及设备也获得故障自诊断保护。在一些高档的 PLC 中还采用了双 CPU 模板并行工作的方式，即使其中一个 CPU 出现故障，系统也能正常工作，保证了系统极高的可靠性。例如三菱公司生产的 F 系列 PLC 平均无故障时间高达 30 万小时。

2. 编程简单，使用方便

目前，PLC 都采用梯形图语言编程，梯形图语言和继电器-接触器控制电路基本设计原理类似，其形象直观、易学易懂，电气工程师和具有一定基础的技术操作人员都可以在短时间内学会，使用起来得心应手，当生产流程需要改变时，可以现场改变程序，使用方便、灵活。

3. 扩展能力强，适应范围广

目前可编程序控制器的产品已形成系列化、模块化，具有各种数字、模拟量的 I/O 接口，能将生产现场的多种规格的直流、交流信号直接接入；可编程序控制器输入接口在多数情况下也可以直接与各种执行器（继电器、接触器、电磁阀等）连接，因此能方便的进行系统配置，组成规模不同、功能不同的控制系统，其适应能力强，利用它可以控制一台单机自动化系统，也可以控制一条生产线，还可以组成一个复杂的集散控制系统。

4. 功能完善，扩展能力强

PLC内部有数量巨大的继电器类软元件，可以实现继电器-接触器控制所不能实现的大规模的开关量逻辑控制，现在的PLC不仅有逻辑运算、定时、计数、顺序控制、位置控制、过程控制、人机对话、自检、记录和显示等功能；而且还有A/D转换和D/A转换、数值运算、数据处理、PID控制、通信联网等功能，同时由于PLC模块化、系列化，具有各种数字量、模拟量的I/O接口，能方便的进行系统配置，可以组成满足各种生产要求的控制系统。

专 题 PLC的应用领域

由于PLC有上述优点，目前，PLC在国内外已广泛应用于钢铁、石油、化工、电力、建材、机械制造、汽车、轻纺、交通运输、环保及文化娱乐等各个行业，使用情况大致可归纳为如下几类。

（1）开关量的逻辑控制

这是PLC最基本、最广泛的应用领域，它取代传统的继电器电路，实现逻辑控制、顺序控制，既可用于单台设备的控制，也可用于多机群控及自动化流水线。如注塑机、印刷机、订书机械、组合机床、磨床、包装生产线、电镀流水线等。

（2）模拟量控制

在工业生产过程当中，有许多连续变化的量，如温度、压力、流量、液位和速度等都是模拟量。PLC厂家都生产配套的A/D和D/A转换模块，使可编程控制器用于模拟量控制。

（3）运动控制

PLC可以用于圆周运动或直线运动的控制。世界上各主要PLC厂家的产品几乎都有运动控制功能，广泛用于各种机械、机床、机器人、电梯等场合。

（4）过程控制

过程控制是指对温度、压力、流量等模拟量的闭环控制。作为工业控制计算机，PLC能编制各种各样的控制算法程序，完成闭环控制。过程控制在冶金、化工、热处理、锅炉控制等场合有非常广泛的应用。

（5）数据处理

现代PLC具有数学运算（含矩阵运算、函数运算、逻辑运算）、数据传送、数据转换、排序、查表、位操作等功能，可以完成数据的采集、分析及处理。这些数据可以与存储在存储器中的参考值比较，完成一定的控制操作，也可以利用通信功能传送到别的智能装置，或将它们打印制表。数据处理一般用于大型控制系统，如无人控制的柔性制造系统；也可用于过程控制系统，如造纸、冶金、食品工业中的一些大型控制系统。

（6）通信及联网

PLC通信含PLC间的通信及PLC与其他智能设备间的通信。随着计算机控制的发展，工厂自动化网络发展得很快，各PLC厂商都十分重视PLC的通信功能，纷纷推出各自的网络系统。新近生产的PLC都具有通信接口，通信非常方便。

三、PLC 的分类

目前，可编程序控制器的产品种类很多，其分类的方法主要有以下几种。

1. 根据 PLC 的 I/O 点数和储存容量的分类

根据 PLC 的 I/O 点数多少和存储容量可以将 PLC 分为大型、中型和小型 3 个等级。

小型 PLC：I/O 点数在 256 点以下，用户程序储存其容量为 2K 字以下（1K=1 024，储存一个 1 或 0 的二进制码称为 1 位，一字为 16 位）的 PLC 称为小型 PLC，其中 I/O 点数小于 64 点的 PLC 称为超小型或微型 PLC，有的 PLC 用步来衡量，一步占用一个地址，表示 PLC 可以存放多少用户程序。

中型 PLC：I/O 点数在 256～248，用户程序容量一般为 2K～8K 字的 PLC 为中型 PLC。

大型 PLC：I/O 点数在 2 048 点以上的 PLC 为大型 PLC，其中 I/O 点数超过 8 192 点的为超大型 PLC。

2. 按照结构形状分类

根据 PLC 的结构形状可以分为整体式和模块式两种。

整体式 PLC：将 PLC 的电源、中央处理器和输入、输出部分集中配置在一起，有的甚至全部安装在一块印制电路板上，装在一个箱体内，整体式 PLC 结构紧凑、体积小、重量轻而且价格低的特点，其 I/O 点数固定，使用不灵活，小型 PLC 一般采用整体式结构。

模块式 PLC：将组成 PLC 的各个部分分成几个模块，如电源模块、CPU 模块、输入模块和输出模块及各种功能模块，模块式 PLC 由框架或基板和各种模块组成，把模块插入框架或基板的插座上，这种结构的 PLC 配置灵活、装配方便、便于扩展，但是这种结构的 PLC 结构复杂、进价高。一般中型和大型 PLC 采用模块式结构。

3. 按照 PLC 的功能的强弱分类

按功能和结构可以将 PLC 大致分为低档机、中档机和高档机 3 种。

低档 PLC：除了具有逻辑运算、定时、计数、自诊断和监控等基本功能外，还增设了少量模拟量的处理、算数运算、通信、数据比较和传送等功能，用于逻辑控制、顺序控制或少量模拟量控制的单机控制系统。

中档 PLC：除了具有低档机的功能外，还具有较强的模拟量输入/输出、算数运算、通信、数据比较和传送、联网等功能，适用于复杂的控制系统。

高档 PLC：除了具备中档机的功能外还增设带符号算数和运算、矩阵运算、位逻辑运算和其他特殊函数的运算、制表和表格传送功能，高档机还具有模拟调节、联网通信、监视记录和打印等功能，使 PLC 的功能更多更强，能进行远程控制，大规模过程控制，构成集散控制系统，实现工厂自动化。

四、PLC 的主要性能指标

1. I/O 点数

指 PLC 的外部输入端子和输出端子个数总和，常称为“点数”，PLC 的输出有开关量和模拟量两种，对于开关量用最大的 I/O 点数表示，而对模拟量则用最大的 I/O 通道数表示。I/O 点数越多，外部可以接的输入和输出器件就越多，控制功能就越强。

2. PLC 内部继电器的种类和点数

包括辅助继电器、特殊的辅助继电器、定时器、计数器和移位存储器等，其内部继电器的种类和点数由 PLC 的型号和种类决定。

3. 存储容量

PLC 的程序一部分在系统程序存储器中，另一部分在用户程序存储器中，这里说的存储容量是指用户程序存储器的容量，PLC 的用户程序存储器用于储存通过编程程序编入的用户程序，通常用 K 字（KW）、K 字节（KB）、K 位来表示。

4. 扫描时间

扫描时间是指 PLC 执行一次解读用户逻辑程序所需要的时间，一般情况下用一个粗略值表示，即用执行 1 000 条指令所需时间来估算，通常为 10ms 左右，小型机可能超过 40ms。可以通过比较不同 PLC 执行相同操作所用时间来衡量 PLC 扫描速度的快慢。也有用 ms/K 字为单位表示，如 20ms/K 字表示扫描 1K 字的用户程序需要的时间为 20ms。

5. 工作环境

一般 PLC 的工作温度为 0 ℃～55℃，最高为 60℃，储存温度为-230℃～85℃，相对湿度为 5%～95%。空气条件：周围不能有混合可燃性、爆炸性和腐蚀性气体。

五、编程语言及指令功能

PLC 常用的语言有梯形图语言、助记符语言、流程图语言及某些高级语言等，目前使用最多的是前两种。下面以三菱 FX_{2N} 系列的 PLC 为例来介绍前两种编程语言。

1. 梯形图语言

梯形图语言沿用了继电器的触点、线圈、串并联等术语并且增加了继电器电路中所没有的符号，如图 2-1-4 所示，最左边一条竖线是左母线，编程时从左母线开始按照一定的控制要求连接各个节点最后到达线圈，然后连接到最右边一条竖线（右母线）上，右母线可以省略，一个梯形图中往往有好多行，形状好像梯子，所以叫梯形图。

使用梯形图时要注意以下几点：

- ❖ 梯形图中的元件都是软元件，没有物理意义上的线圈和节点；
- ❖ 分析梯形图原理时可以将左母线看成是电源的正极，右母线看成是电源的负极，假想有电流从正极流向负极；
- ❖ 梯形图中的节点可以串联，可以并联，但是继电器线圈只能并联连接；
- ❖ 一般编程结束后要加结束标志 END。

2. 助记符语言（指令语言）

助记符语言是一种和计算机汇编语言相似的语言，它由一系列的操作指令、步序号和内部继电器编号组成，并通过编程器送到 PLC 中，PLC 的指令可分为基本指令、步进指令和功能指令，基本指令是各种类型的 PLC 都具有的，其主要是逻辑指令，而不同厂家的不同型号的 PLC 其指令扩展程度是不同的。虽然不同的 PLC 具有不同的编程语言，但是同一个程序可以用梯形图表示也可以由指令来表示，例如图 2-1-4 中的梯形图可以转变成图 2-1-5 所示的指令语言。

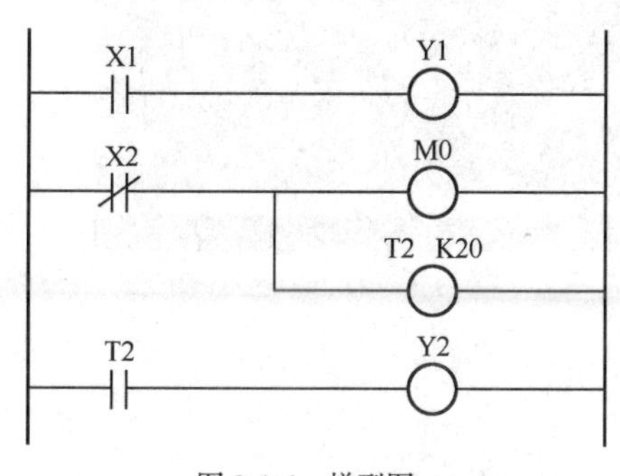

图 2-1-4　梯型图

```
0000  LD    X001
0001  OUT   Y001
0002  LDI   X002
0003  OUT   M0
0004  OUT   T2
0005        K20
0006  LD    T2
0007  OUT   Y2
0008  END
```

图 2-1-5　助记符语言

任务实施

◆ 实际操作

1. 检查

检查 PLC 和计算机的连接是否正确，计算机的 RS232 端口与 PLC 之间是否用指定的电缆线及转换器连接，使 PLC 处于“停机”状态。

2. 进入界面

接通计算机和 PLC 电源，双击 GX Developer 的图标（见图 2-1-6），进入 GX Developer 的软件界面（见图 2-1-7）。

图 2-1-6　桌面上的 GX Developer 图标

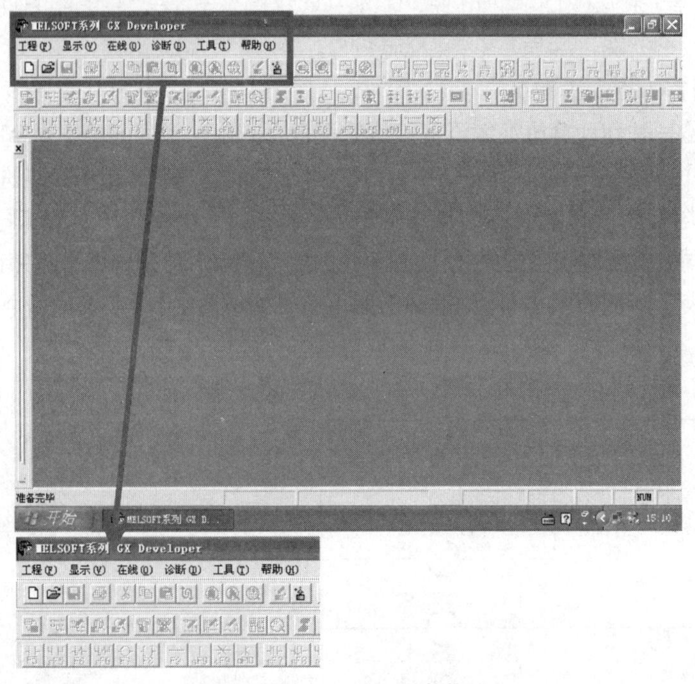

图 2-1-7　GX Developer 的软件界面

3. 创建新工程

单击菜单栏的“工程”→“创建新工程”，来新建一个工程（见图 2-1-8），然后会弹出“创建新工程”对话框（见图 2-1-9）来选择恰当的 PLC 类型。

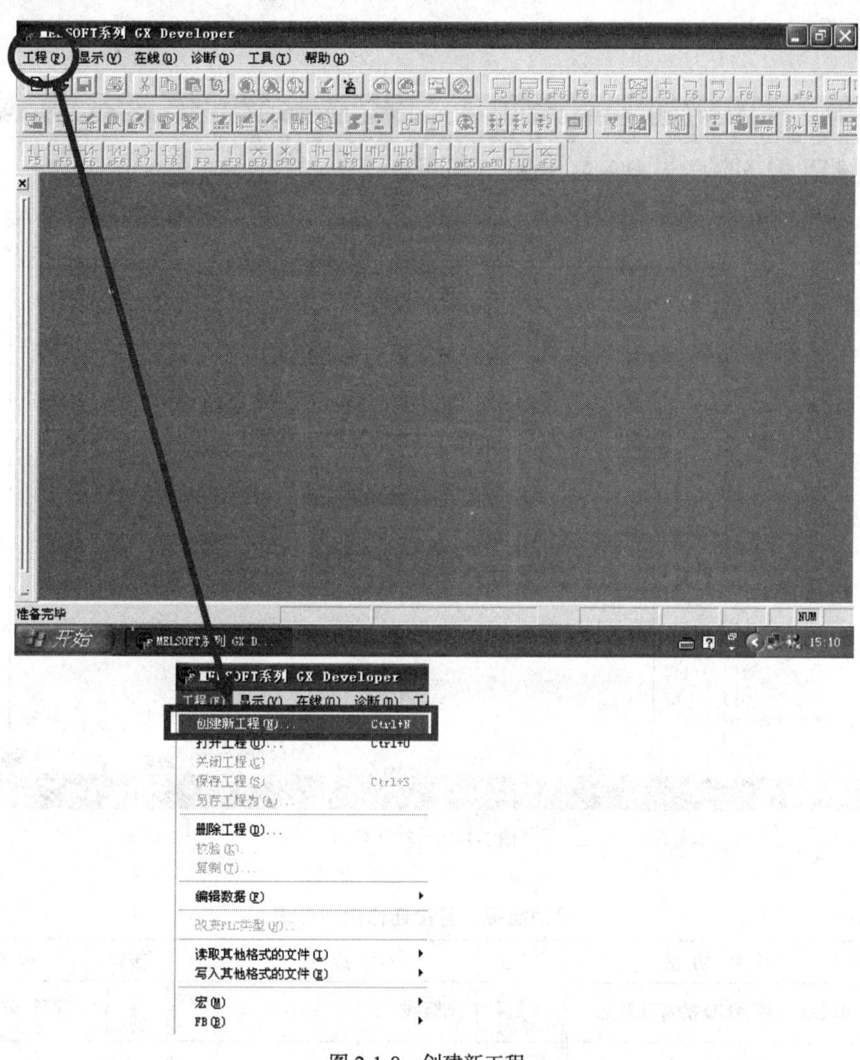

图 2-1-8 创建新工程

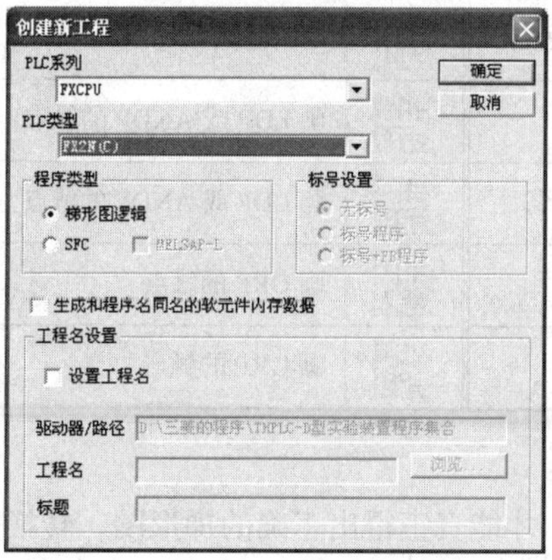

图 2-1-9 选择 PLC 的类型

4. 画梯形图

在这里选择 FX_{2N} 型 PLC 就弹出如图 2-1-10 所示界面，梯形图元件面板的每个按钮的作用如表 2-1-1 所示，表中的说明对应浮动面板的按钮，应用浮动面板的按钮，即可画出如图 2-1-11 所示的梯形图。

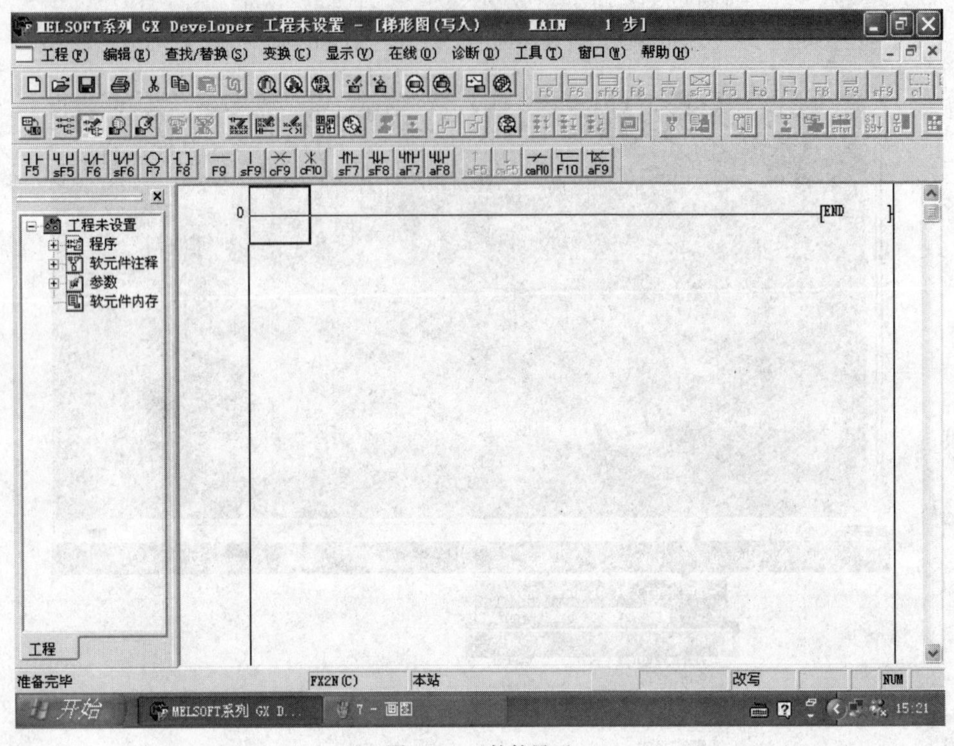

图 2-1-10 软件界面

表 2-1-1 浮动面板中各按钮作用对照表

按钮	对 应 功 能	按钮	对 应 功 能	按钮	对 应 功 能
F5	画 LD 或者 AND 的常开触点	sF9	画竖线	aF5	保留
sF5	画 OR 的常开触点	cF9	删除横线	caF5	保留
F6	画 LDI 或者 ANI 的常闭触点	cF10	删除竖线	caF10	画指令 INV
sF6	画 OR 的常闭触点	sF7	画 LDP 或 ANDP 的触点	F10	画分支
F7	画 X、Y、T、C、S 等的线圈	sF8	画 LDF 或 ANDF 的触点	aF9	删除分支
F8	画功能指令	aF7	画 ORP 的触点		
F9	画横线	aF8	画 ORF 的触点		

5. 转换

画好后需要进行“转换”，才能真正得出正确的梯形图，转换过程如图 2-1-12 所示。此时用鼠标左键单击变换，就可以将梯形图变换为如图 2-1-13 所示的梯形图。

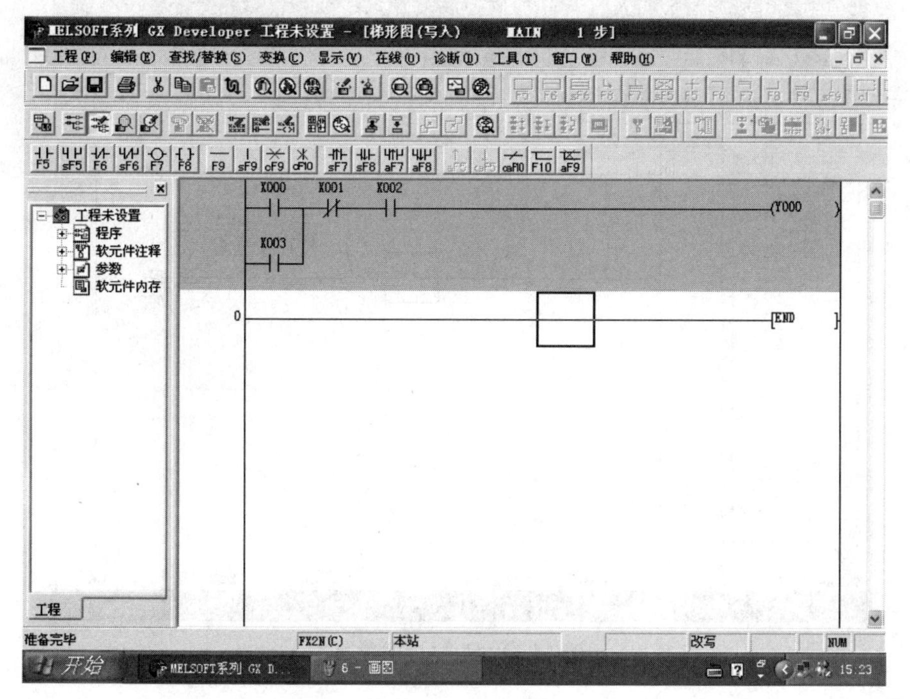

图 2-1-11 画梯形图

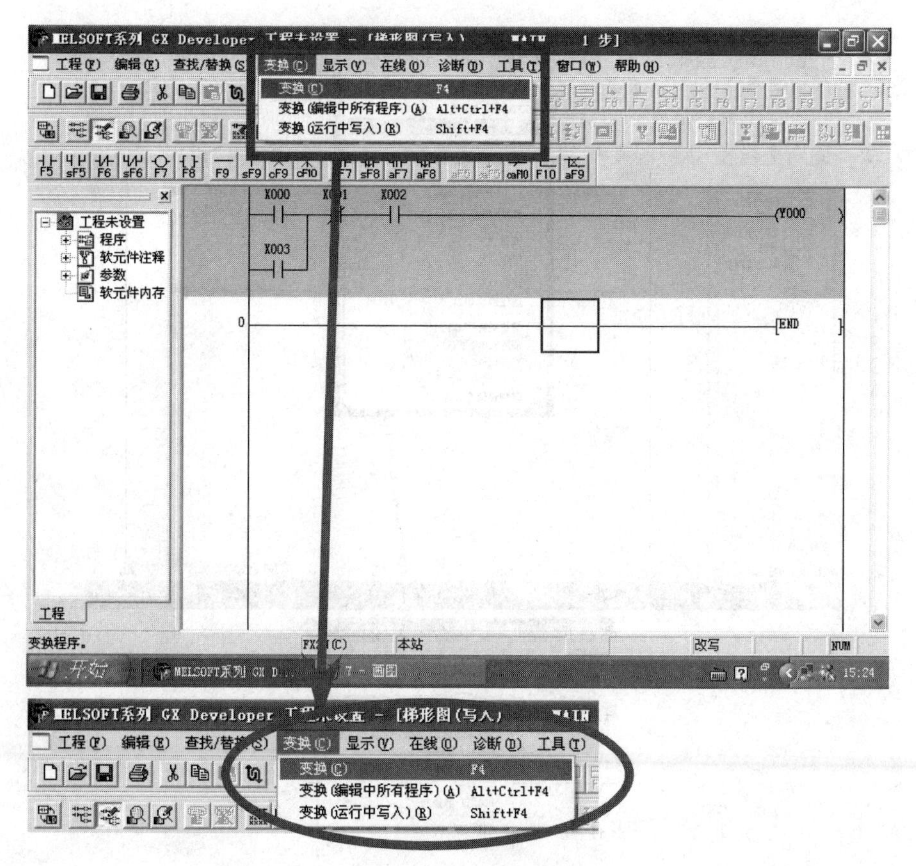

图 2-1-12 转换过程

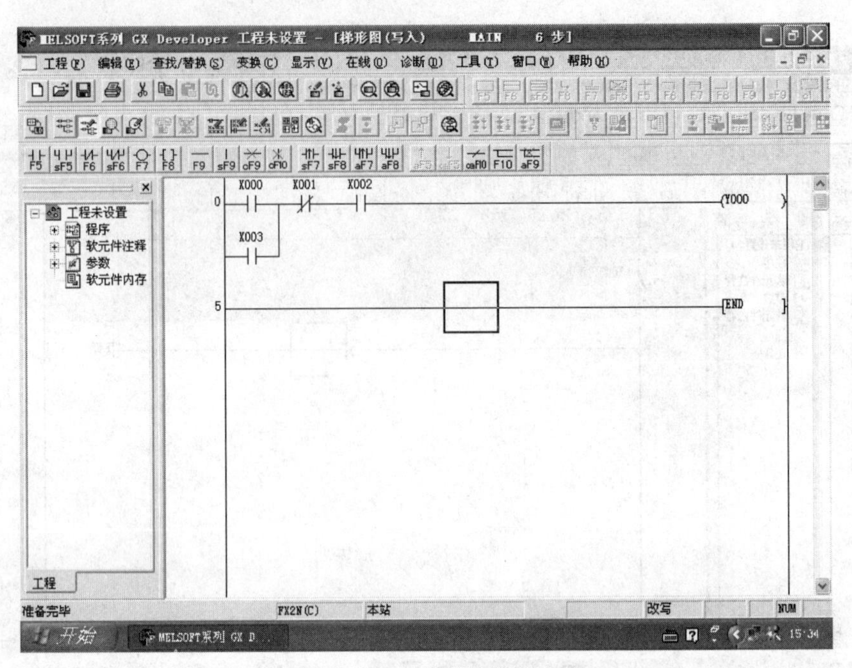

图 2-1-13 转换后的梯形图

6. 写入 PLC

梯形图经过转换后就可下载到 PLC 了，单击菜单栏的“在线”→“PLC 写入”（见图 2-1-14），

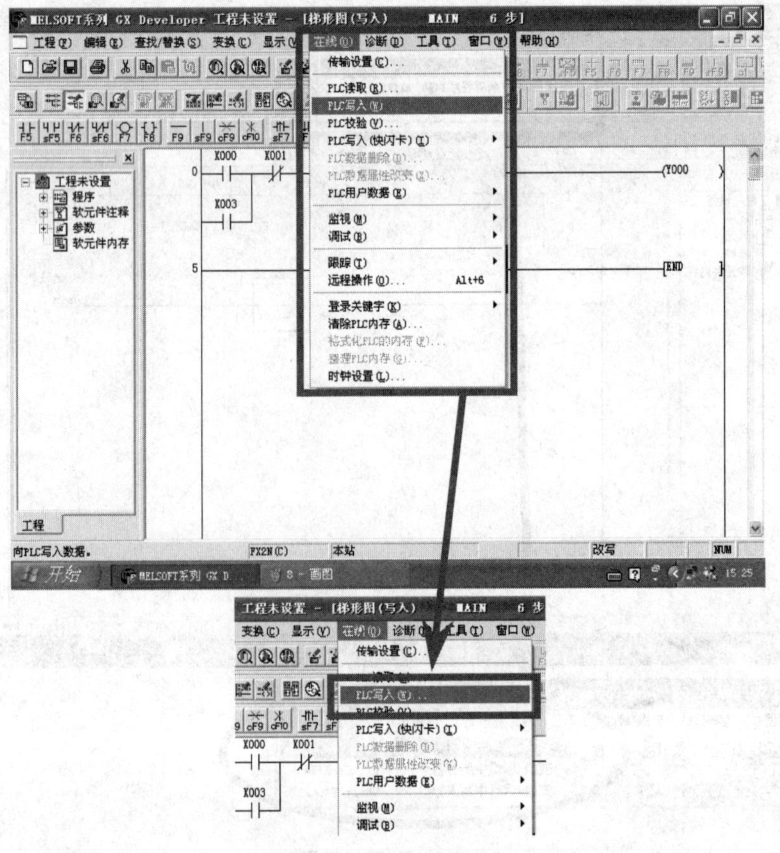

图 2-1-14 PLC 写入

即可弹出如图 2-1-15 所示对话框，选择程序中的 MAIN，单击“执行”弹出如图 2-1-16 所示对话框，单击“程序”→选择“步范围指定”，然后写入恰当的终止步数（可以参阅 PLC 所用的步数），具体如图 2-1-17 所示，单击“执行”后如图 2-1-18 所示，选择“是”，就可以写入程序。

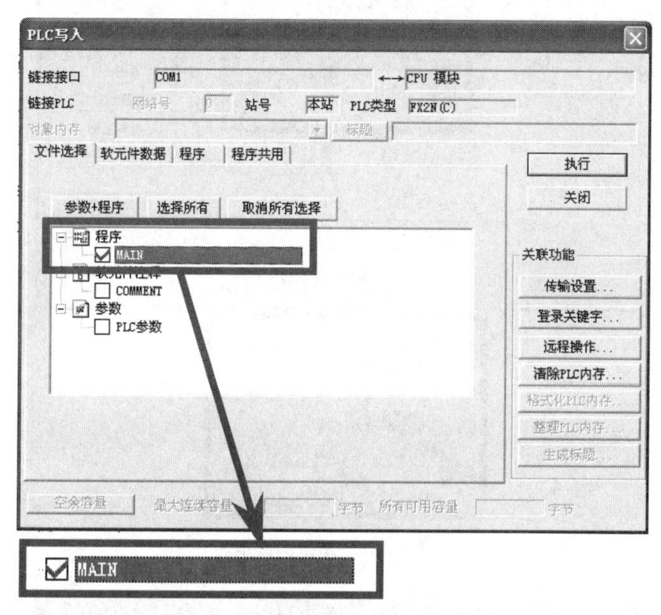

图 2-1-15　PLC 写入窗口对话框（一）

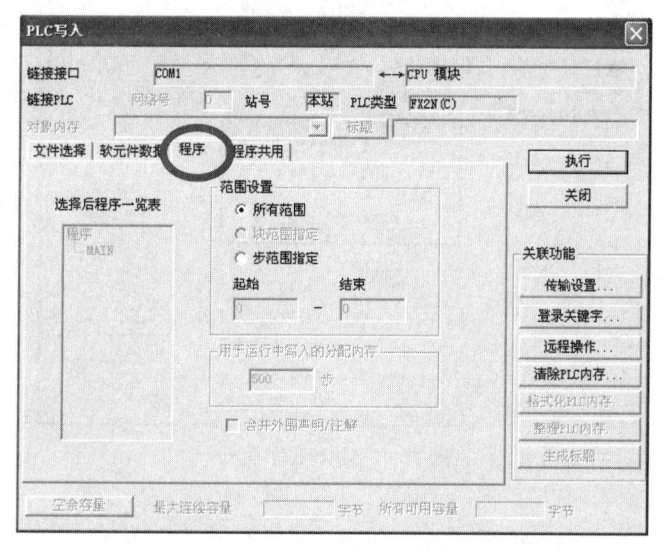

图 2-1-16　PLC 写入窗口对话框（二）

如果需要监控 PLC 程序的运行状态，可以单击菜单的“在线”→“监视”→“监视模式”即可。

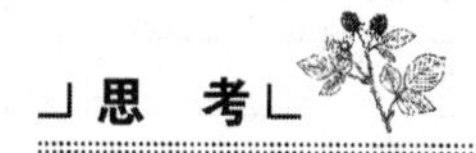

用软件编程能不能输入指令？

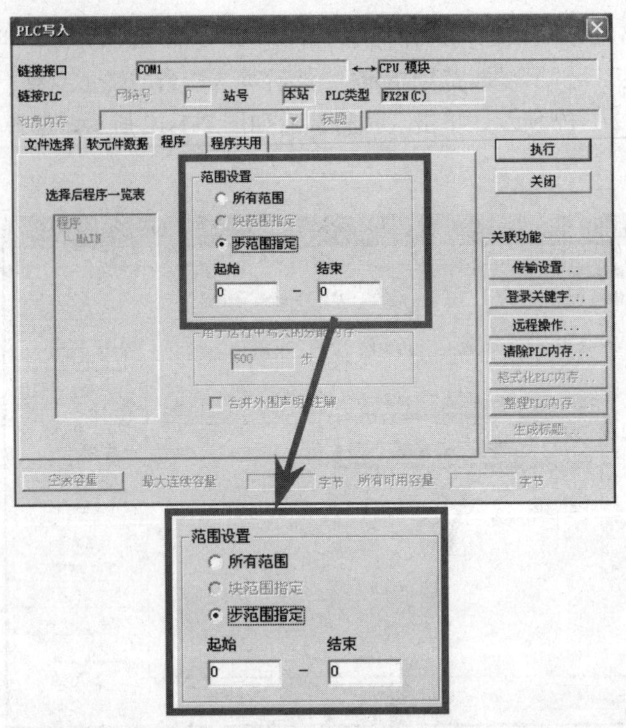

图 2-1-17　步范围设定

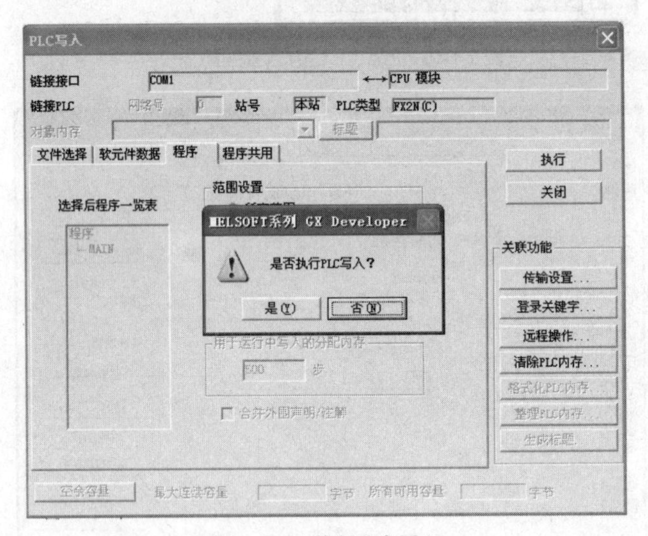

图 2-1-18　执行程序写入

◆ 检测评分

将学生任务完成情况的检测与评价填入表 2-1-2 中。

表 2-1-2　　评分表

序号	考核项目	评定原则	分值	得分
1	安全文明	1. 安全操作；2. 设备维护保养	10 分	
2	按要求	触点不能出错	80 分	
3	规范操作	按要求操作	10 分	
总　分			100 分	

◆ 任务反馈

任务完成后，让学生自己做个总结，将完成情况填入表2-1-3中。

表2-1-3 任务反馈表

出错项目	产生原因	修正措施
□梯形图不能写入PLC	□PLC正在运行 □梯形图没有变换 □没有选择PLC类型	

拓展训练

将下面梯形图输入PLC。

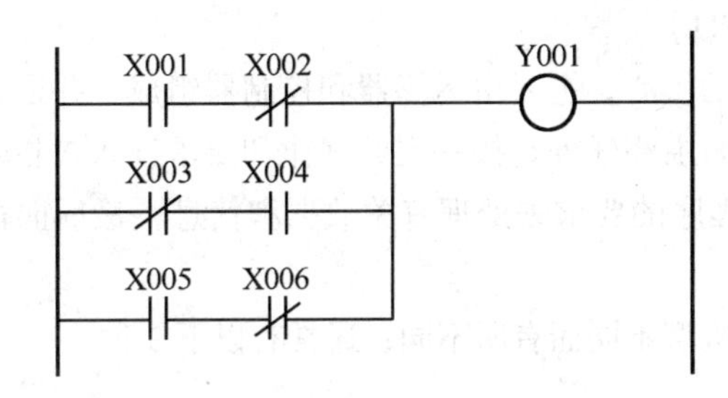

任务二 PLC控制三相异步电动机点动运行

任务描述

通过PLC编程控制三相异步电动机点动运行，按下按钮SB时电动机运行，松开按钮SB时电动机停止运行。

技能目标

- ❖ 了解PLC编程控制的特点。
- ❖ 掌握FX系列PLC输入继电器X和输出继电器Y的作用。
- ❖ 掌握基本指令LD、LDI、OUT、END的编程方法。

知识准备

一、可编程序控制器的基本组成

可编程序控制器是从接触器-继电器控制系统和计算机基础上发展过来的，它实质上是一种工业控制计算机，因此和计算机有许多相似之处，即便生产PLC的厂家众多，产品功能和指令系统存在差异，其结构和工作原理仍非常相似，都采用了典型的计算机结构。PLC主要由中央处理单元（CPU）、存储器（Memory）、输入/输出单元（I/O）、电源和编程器等组成（见图2-2-1）。

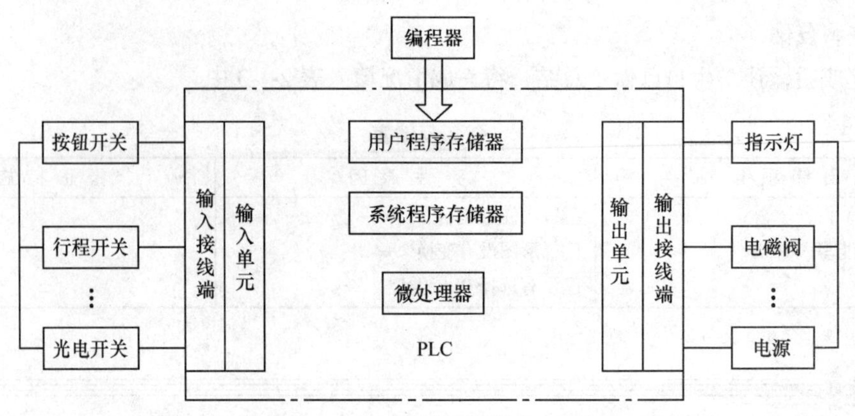

图 2-2-1　可编程序控制器的基本组成

1. 中央处理单元（CPU）

中央处理单元是 PLC 的核心，主要由运算器和控制器组成，并通过内部总线同存储器及输入/输出接口电路相连。它的主要任务是按一定的规律和要求读入被控对象的各种工作状态，然后根据用户所编制的应用程序的要求去处理有关数据和信息，最后向被控对象送出相应的控制信号。

PLC 中采用的 CPU 随机型不同而有所不同，通常有以下 3 种。

（1）通用微处理器

如 Z80、8086、80386 等。

（2）单片微处理器芯片

如 8031、8096、8098 等。

（3）位片式微处理器

如 AM2900、AM2901 等。

一般 PLC 的档次越高，CPU 的位数也就越多，系统处理的信息量越大，运算速度越快，指令功能也越强。小型 PLC 的 CPU 多采用 8 位通用微处理器或单片微处理器芯片；中型 PLC 的 CPU 多采用 16 位通用微处理器或单片微处理器芯片；大型 PLC 的 CPU 多采用高速位片式微处理器。

2. 存储器（Memory）

PLC 内部配有两种存储器：系统程序存储器和用户程序存储器。

系统程序存储器是用来存放系统管理程序、用户指令解释及标准程序模块、系统调用等程序的，常用 EPROM 构成，用户无法更改或调用其中的程序。

用户程序存储器用于储存用户编程的控制程序。

3. 输入/输出（I/O）单元

由于实际生产过程中的信号是多种多样的，控制系统所要配置的执行机构也是多种多样的，而 PLC 的 CPU 所处理的信号只能是标准电平，为了使 PLC 能直接用于控制系统，必须设计输入输出单元，输入单元可以接收各种开关信号，并且将开关信号转变成中央处理单元能接受和处理的开关信号，输出单元可以将中央处理单元处理过的数字信号转换成电压或电流信号，以驱动接触器、电磁阀和指示灯。

4. 电源单元

PLC 配有开关电源，用来给内部电源供电，许多 PLC 还可以向外部电路提供 24V 稳压电源，

PLC 对电网提供的电源的稳压程度要求不高，一般允许在 10%～15%的范围内波动。

小型的 PLC 电源和 CPU 单元是一体的，中、大型的 PLC 都有专门的电源单元。

5. 编程器

编程器作用是编辑和输入用户程序，调试和修改用户程序，监控程序的运行，小型机一般使用简易的手持编程器，大、中型 PLC 多用带有显示屏的编程器，另外，还可以利用计算机对 PLC 进行编程。

手持编程器又简称易编程器，它与 PLC 专用插座连接，由 PLC 内部提供电源。这种编程器结构简单、体积小、外表像一个计算器，便于携带，使用它的按键可将指令语句输入到 PLC 内部，通过编程器的显示器件可以监视程序的编写、修改、器件监控，具有一般的编程功能，但是它只能进行联机编程，并且在输入程序时只能将梯形图转换成指令来输入，适用于小型 PLC 的编程要求。

带有显示屏的编程器，这种编程器可以联机编程也可以脱机编程，而且能使用多种语言编程，可以直接输入梯形图，另外这种编程器还可以和打印机、盒式磁带录音机及绘图仪等设备连接，具有较强的监控功能，但是它的价格比较高，适合于大中型的 PLC 配置。

通用计算机作为编程器，现在的大中小型 PLC 都可以通过一定的软件用通用计算机进行编程监控、绘制梯形图，其功能完善、使用方便。

二、可编程序控制器的编程方式

1. 在线方式

编程器与 PLC 的在线编程方式是将编程器与可编程序控制器的专用插座直接相连，或通过一个专用的接口相连，可以将用户程序直接写入到 PLC 的用户存储器中，也可以将程序先存在编程器的存储器中，然后转入到 PLC 的用户存储器。这种编程方式有利于程序的调试和修改，并可以监视 PLC 内部器件（如定时器、计算器）等的工作状态，例如对 PLC 的内部器件实施强迫接通断开置位、复位命令以及监控器件的功能是否正常。

2. 离线编程方式

编程器与 PLC 的离线编程方式，是先将程序存放于编程器的存储器中，在程序员写入后与 PLC 连接，再将程序送到 PLC 的用户程序存储器中，离线编程不影响 PLC 的工作。

三、PLC 的命名方式

三菱 F 系列 PLC 的一般命名方式如表 2-2-1 所示。

表 2-2-1　　三菱 F 系列 PLC 的命名方式

型　号	1 ［ ］ 2 3 4 5		
1	系列序号	FX_0、FX_2、FX_{0N}、FX_{2C}、FX_{2N} 等	
2	I/O 总点数	14～256	
3	单元类型	M	基本单元
		E	输入输出混合扩展单元及扩展模块
		EX	输入专用扩展模块
		EY	输出专用扩展模块
4	输出形式	R	继电器输出
		T	晶体管输出
		S	晶闸管输出

续表

<table>
<tr><td>型　号</td><td colspan="2">□ 1 □ 2 3 4 5</td></tr>
<tr><td rowspan="7">5</td><td rowspan="7">特殊品种区别</td><td>D-DC</td><td>电源（直流输入）</td></tr>
<tr><td>A1-AC</td><td>电源（交流输入）</td></tr>
<tr><td>H</td><td>大电流输出扩展模块（1A/点）</td></tr>
<tr><td>V</td><td>立式端子排的扩展模块</td></tr>
<tr><td>C</td><td>接插口输入/输出方式</td></tr>
<tr><td>F</td><td>输入滤波 1ms 的扩展模块</td></tr>
<tr><td>L-TTL</td><td>输入型扩展模块</td></tr>
</table>

四、PLC 的内部继电器

1. 输入继电器 X

输入继电器用字母 X 来表示，其作用是接收外部的开关信号。每个输入继电器都有一个线圈和一对触点（常开触点和常闭触点），输入继电器的线圈和触点都是软元件。其常开触点和常闭触点编程时可以反复使用，线圈不会在梯形图中出现，线圈的得电情况主要靠他外部的开关来决定，外部开关闭合接触器线圈得电，开关断开，接触器线圈断电；其动作原理和接触器-继电器控制电路中的继电器动作原理一样，也是线圈得电，常开触点闭合常闭触点断开，线圈失电，常开触点断开常闭触点闭合。如图 2-2-2 所示，按下按钮 SB，接触器 X000 线圈得电，X000 常开触点闭合，常闭触点断开，松开按钮 SB，X000 线圈断电，X000 常开触点断开，常闭触点闭合。输入继电器编号用 3 位八进制数表示，例如：X000～X007，X010～X017，X020～X027，X030～X037 等。

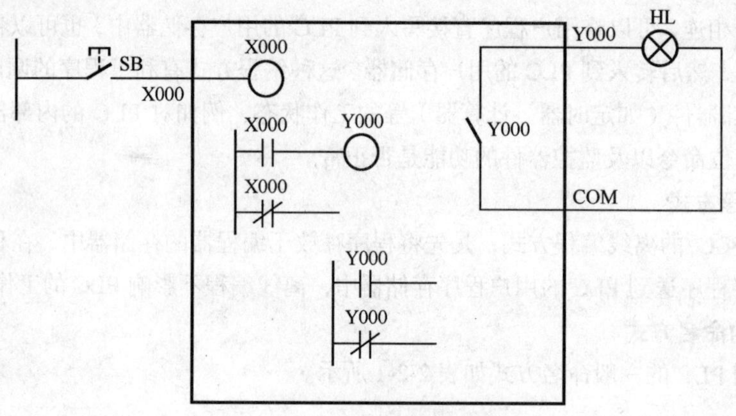

图 2-2-2　输入、输出继电器结构

2. 输出继电器 Y

输出继电器用 Y 表示，主要作用是驱动外部的负载，一个输出继电器对应于输出单元外接的一个物理继电器或其他执行元件，其特点是受 PLC 程序的控制，每一个输出继电器都有线圈和触点，输出继电器的常开、常闭触点在编程时都可以无限次数的使用，线圈的得电情况靠程序控制。动作原理和输入继电器一样。输出继电器编号用 3 位八进制数表示，例如：Y000～Y007，Y010～Y017，Y020～Y027 等。

五、相关基本指令

1. 逻辑取及线圈驱动指令（LD、LDI、OUT）

LD（Load）：取指令，适用于梯形图中与左母线相连的第一个常开触点，表示一个逻辑行的开始。如图 2-2-3 所示的常开触点 X001。

LDI（Load Inverse）：取反指令，适用于梯形图中与左母线相连的第一个常闭触点。如图 2-2-3 所示的常闭触点 X002。

OUT（OUT）：线圈的驱动指令，适用于将结果驱动输出继电器、定时器、计数器、状态继电器等元件的线圈，但是不能用于输入线圈。OUT 指令用于驱动定时器或计数器线圈时后面必须要有常数 K 的值。书写指令时，每一条指令占一行，每行的左边为步序号，中间为指令或者常数 K，右边为继电器编号或者常数 K 值，使用方法如图 2-2-3 所示。

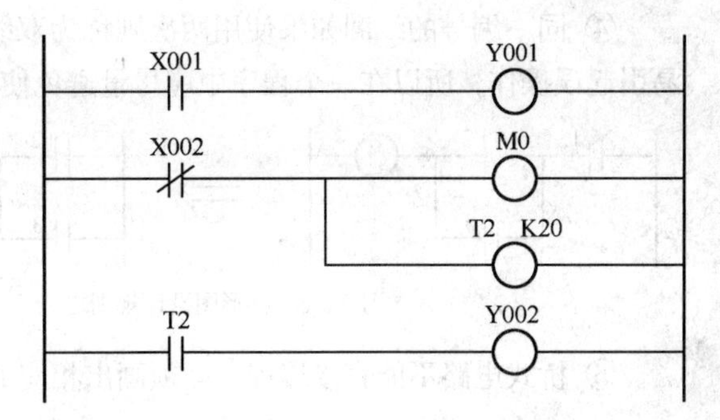


```
0000  LD   X001
0001  OUT  Y001
0002  LDI  X002
0003  OUT  M0
0004  OUT  T2
0005       K20
0006  LD   T2
0007  OUT  Y002
```

图 2-2-3　LD、LDI、OUT 指令使用说明

使用注意事项：

（1）LD、LDI 两条指令用于将触点接到左母线上；

（2）OUT 是驱动线圈的输出指令，对于 X 不能使用 OUT 指令，可以连续多次使用 OUT 指令驱动线圈，OUT 指令驱动定时器或计数器时必须设定常数 K，常数 K 的设定在编程中也占一个步序位置。

2. 程序结束指令（END）

END 是一个无操作数的指令，PLC 的工作原理为循环扫描方式，即开机执行程序均由第一句指令语句（步序号为 0000）开始执行，一直执行到最后一条语句 END，依次循环执行，END 后面的指令无效，即 PLC 不执行。所以利用在程序的适当位置插入 END，可以方便地进行程序的分段调试。但要注意在某段程序调试完毕后，及时删去 END 指令。

六、画梯形图的规则和技巧

① 梯形图的左母线与线圈间一定要有触点，而线圈与右母线间不能有任何触点。触点只能在水平线上，不能画在垂直分支上，如图 2-2-4 所示，线圈可以是圆圈、椭圆和括号。

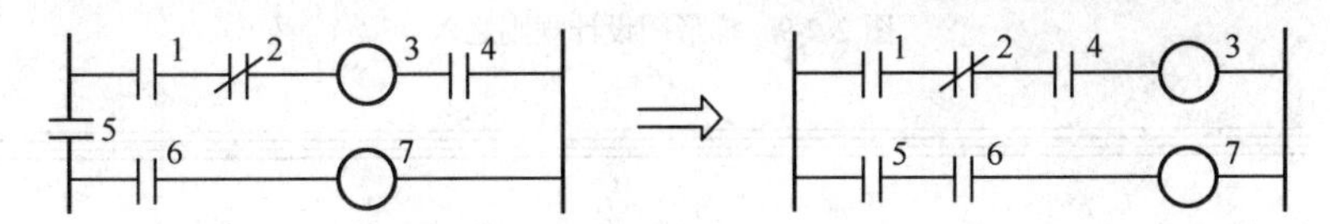

图 2-2-4　梯形图设计规则之一

② 有串联电路相并联时，应将触点最多的那个串联支路放在梯形图的最上面。这种安排可减少指令语句，使程序简练，如图 2-2-5 所示。

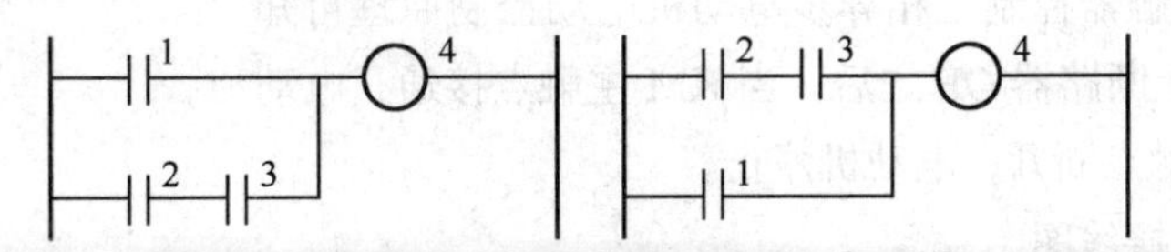

图 2-2-5　梯形图设计规则之二

③ 有并联电路相串联时，应将触点最多的那个并联支路放在梯形图的最左面，这样也可以减少指令语句，使程序简练，如图 2-2-6 所示。

④ 同一编号的线圈如果使用两次则称为双线圈，如图 2-2-7 所示双线圈输出，双线圈输出容易引起误操作，所以在一个程序中应尽量避免使用双线圈。

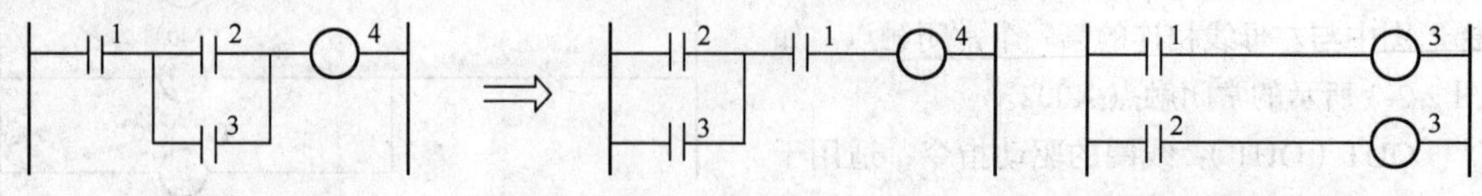

图 2-2-6　梯形图设计规则之三　　　　图 2-2-7　梯形图设计规则之四

⑤ 桥式电路不能直接编程，必须画出相应的等效梯形图，如图 2-2-8 所示。

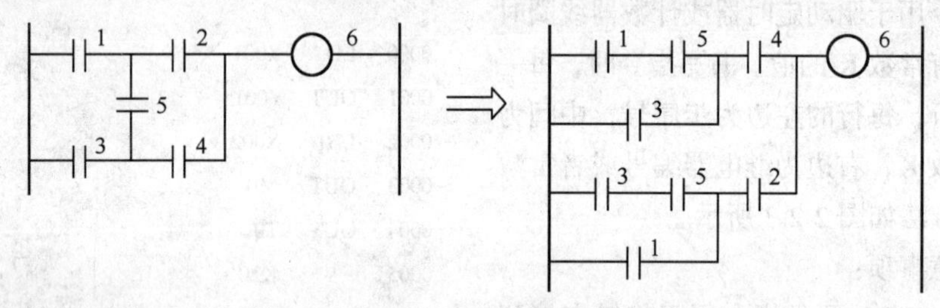

图 2-2-8　梯形图设计规则之五

⑥ 如果电路结构复杂，用 ANB、ORB 等难以处理，可以重复使用一些触点改成等效电路，再进行编程，如图 2-2-9 所示。

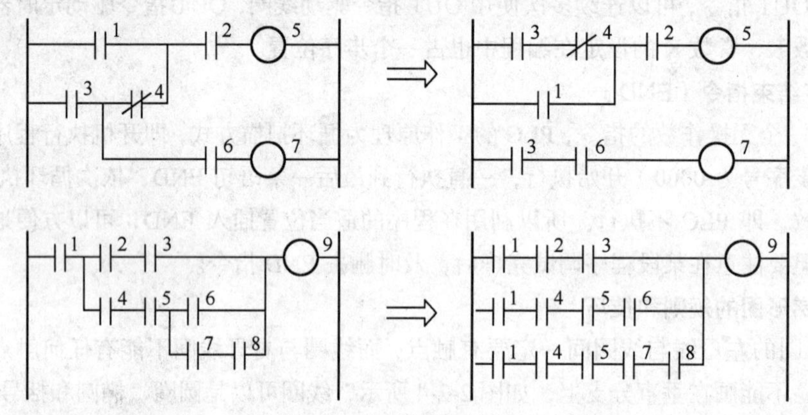

图 2-2-9　梯形图设计规则之六

任务实施

◆　实际操作

1. 主电路

如图 2-2-10 所示电动机点动运行主电路。

根据继电器-接触器控制三相异步电动机电动控制原理可知其控制原理为：合上断路器 QF 之后，当 KM 主触点接通，电动机运转；当 KM 主触点断开，电动机停止。

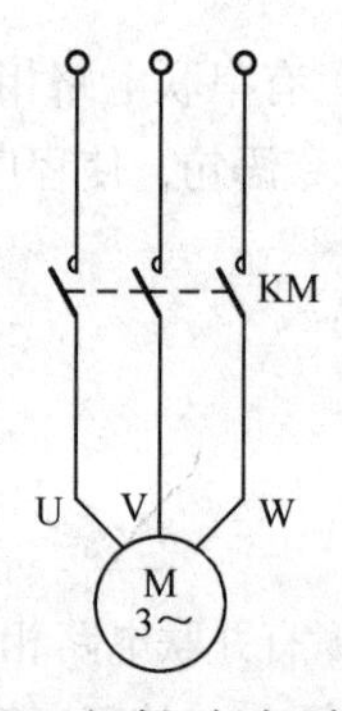

图 2-2-10　电动机点动运行主电路

2. PLC 的 I/O 接线图

根据接触器的工作原理可知：接触器线圈得电时，接触器触点动作，即常开触点闭合常闭触点断开。

由此可推出对 PLC 控制要求是：按下按钮 SB 时 KM 线圈得电，

松开按钮 SB 时 KM 线圈断电。因此得到 PLC 输入设备有按钮 SB，输出设备有接触器 KM 的线圈。

I/O 地址分配如表 2-2-2 所示。

表 2-2-2　　PLC 控制电动机点动运行 I/O 地址分配

输入设备	起动按钮	X000
输出设备	KM1 线圈	Y000

分配好 I/O 信号后可以得到 PLC 的 I/O 接线图如图 2-2-11 所示。

PLC 的输入继电器 X 是接收外部开关信号的窗口，如图 2-2-11 所示电路中，没有按下按钮 SB 时，X000 的输入信号为 0，X000 常开触点断开，按下按钮 SB 时，X000 的输入信号为 1，X000 常开触点闭合。

PLC 的输出继电器 Y 是向外部负载输出信号的窗口，如图 2-2-11 所示电路中，当 PLC 程序输出 Y000 信号为 1 时，接触器 KM 线圈得电，主电路中的主触点闭合，电动机得电运行；当程序输出 Y000 信号为 0 时，接触器 KM 线圈断电，主电路中的主触点断开，电动机停止。

3. PLC 编程程序

完成主电路和 PLC 外部接线以后，控制要求可以转化为对 PLC 程序的控制要求，也就是当 X000 为 0 时，Y000 为 0；当 X000 为 1 时，Y000 为 1。梯形图如图 2-2-12 所示。

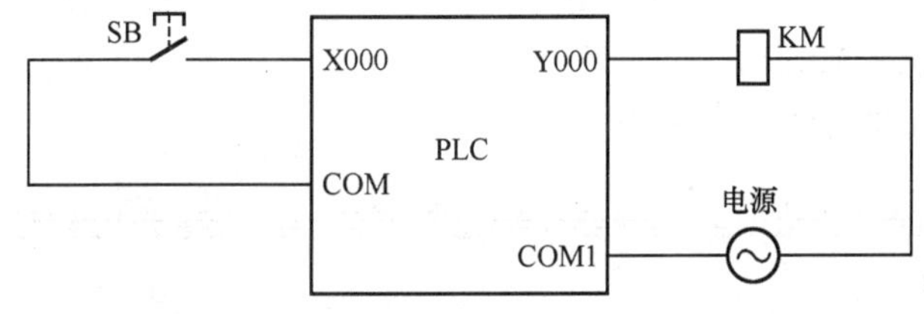

图 2-2-11　电动机点动运行 PLC 接线图

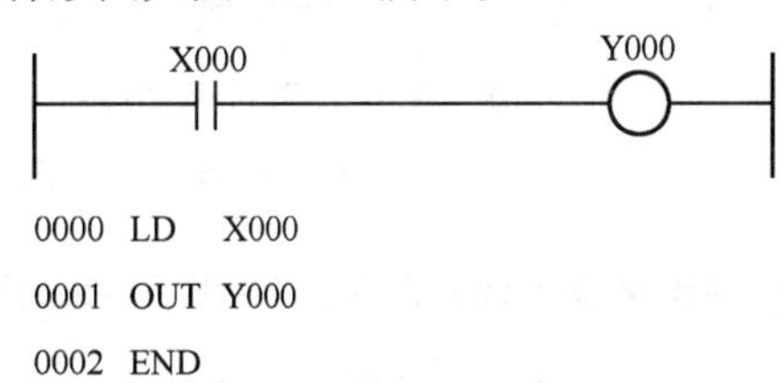

图 2-2-12　PLC 控制电动机点动运行梯形图

4. 程序调试

用 FX 系列编程软件将梯形图输入 PLC 后，将 PLC 置于 RUN，运行程序，按下按钮 SB 过一会儿松开，观察电动机运行情况是否与控制要求一致，如果动作情况和控制要求一致表明程序正确，保存程序。如果发现电动机运行情况和控制要求不相符，应仔细分析，找出原因，重新修改，直到电动机运行情况和控制要求一致为止。

PLC 控制和接触器–继电器控制电动机点动运行有什么不同?

◆ 检测评分

将学生任务完成情况的检测与评价填入表 2-2-3 中。

表 2-2-3　　PLC 控制电动机点动运行评分表

序号	考 核 项 目	评 定 原 则	分值	得分
1	安全文明	1. 安全操作；2. 设备维护保养	10 分	
2	PLC 外部接线图	输入输出点数尽量最少	10 分	
3	PLC 梯形图	1. 梯形图能实现相应控制功能；2. 格式要正确	35 分	
4	PLC 相应指令	1. 能将梯形图转化成指令程序；2. 格式要正确	35 分	
5	规范操作	按要求操作	10 分	
总 分			100 分	

◆ 任务反馈

任务完成后，让学生自己做个总结，将完成情况填入表 2-2-4 中。

表 2-2-4　　　　PLC 控制电动机点动运行任务反馈表

出错项目	产生原因	修正措施
□按下按钮电动机不运行 □松开按钮电动机不停止	□外部接线错误 □梯形图出错 □指令出错	

任务三　PLC 控制三相异步电动机连续运行

任务描述

通过 PLC 编程控制三相异步电动机连续运行，按下起动按钮 SB1 时电动机运行，松开起动按钮 SB1 时电动机不会停止；按下停止按钮 SB2 电动机停止。

技能目标

❖ 掌握用 PLC 编程控制电动机连续运行的方法。

❖ 掌握基本指令 OR、ORI、AND、ANI 的编程方法。

知识准备

一、触点串联指令（AND、ANI）

AND（And）:“与”指令，适用于和节点串联的常开节点。使用方法如图 2-3-1 所示。

ANI（And Inverse）:“与非”指令，适用于和节点串联的常闭节点。使用方法如图 2-3-1 所示。

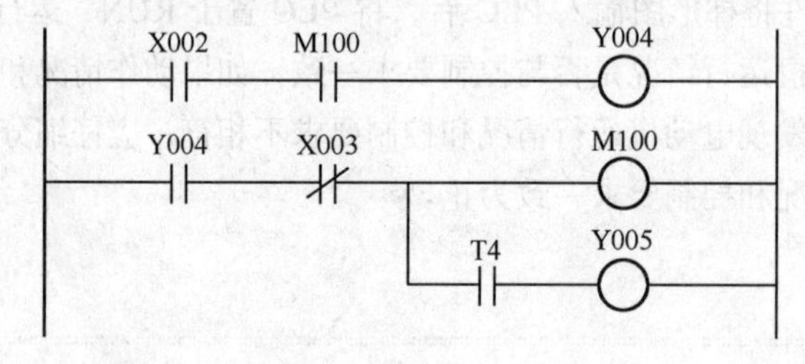


```
0000  LD    X002
0001  AND   M100
0002  OUT   Y004
0003  LD    Y004
0004  ANI   X003
0005  OUT   M100
0006  AND   T4
0007  OUT   Y005
```

图 2-3-1　ANI、AND 指令使用说明

二、触点的并联指令（OR、ORI）

OR（Or）:“或”指令，适用于和节点并联的常开接点。使用方法如图 2-3-2 所示。

ORI（Or Inverse）：“或反”指令，适用于和节点并联的常闭节点。使用方法如图 2-3-2 所示。

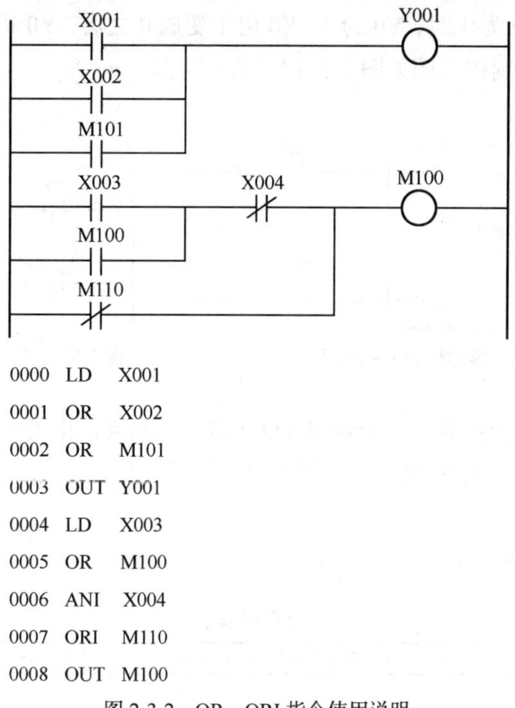

0000 LD X001
0001 OR X002
0002 OR M101
0003 OUT Y001
0004 LD X003
0005 OR M100
0006 ANI X004
0007 ORI M110
0008 OUT M100

图 2-3-2 OR、ORI 指令使用说明

注意：OR 只适用于并联一个节点支路的梯形图，如果并联的支路中有两个或两个以上的节点时，就用到以后要介绍的 ORB 指令。

这两条指令使用器件为：输入继电器 X、输出继电器 Y、辅助继电器 M、定时器 T、状态继电器 S。

任务实施

◆ 实际操作

1. 主电路

三相异步电动机运行主电路如图 2-3-3 所示。

其控制原理为：合上断路器 QF 之后，当 KM 主触点接通电动机运转；当 KM 主触点断开，电动机停止。

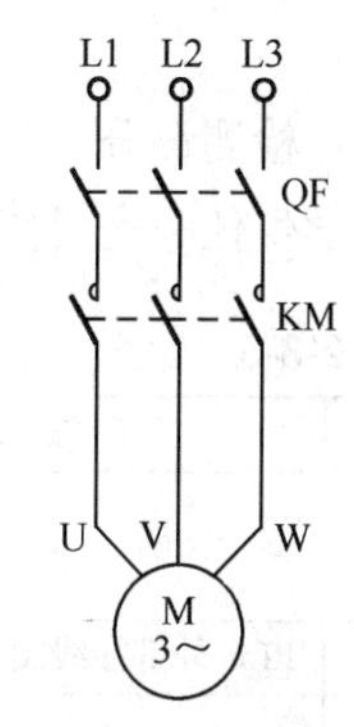

图 2-3-3 电动机连续运行主电路

2. PLC 的 I/O 接线图

PLC 控制电动机连续运行的输入设备为起动按钮 SB1 和停止按钮 SB2，输出设备仍然为 KM1 线圈。

其 I/O 地址分配如表 2-3-1 所示。

表 2-3-1 I/O 地址分配表

输入设备	起动按钮 SB1	X000
	停止按钮 SB2	X001
输出设备	KM1 线圈	Y000

PLC 的 I/O 接线图在点动的基础上增加 SB2，如图 2-3-4 所示。

3. PLC 梯形图

PLC 的控制要求：X0 为 1 时，Y0 为 1；X0 由 1 变成 0 之后，Y0 仍然为 1，具有自保持功能；X1 为 1 后 Y0 变为 0。控制梯形图如图 2-3-5 所示。

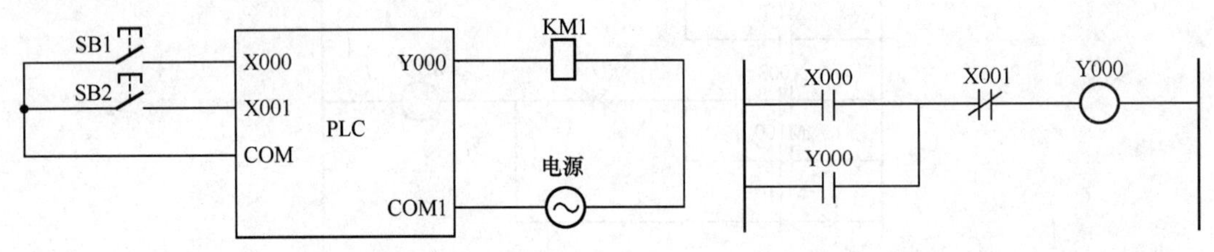

图 2-3-4　电动机连续运行 PLC 接线图　　图 2-3-5　PLC 控制电动机连续运行梯形图

自保持：在起动按钮旁边并联一个输出 Y000 的常开触点，相当于继电器-接触器控制电路中的自锁功能，这是 PLC 编程中常见的一个经典思路程序。

4. 指令语句表

相应指令如表 2-3-2 所示。

表 2-3-2　　指令对照表

0000	LD X000	0001	OR Y000	0002	ANI X001	0003	OUT Y000

5. 程序调试

用 FX 系列编程软件将梯形图输入 PLC 后，将 PLC 置于 RUN，运行程序，按下起动按钮 SB1 然后松开，观察电动机是否连续运行，然后按下停止按钮 SB2，观察电动机是否停止，如果动作情况和控制要求一致表明程序正确，保存程序。如果发现电动机运行情况和控制要求不相符，应仔细分析，找出原因，重新修改，直到电动机运行情况和控制要求一致为止。

思　考

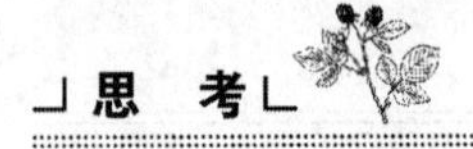

如果主电路中加上热继电器，那么 PLC 外部接线图和梯形图如何改？

◆　检测评分

将学生任务完成情况的检测与评价填入表 2-3-3 中。

表 2-3-3　　评分表

序号	考 核 项 目	评 定 原 则	分值	得分
1	安全文明	① 安全操作 ② 设备维护保养	10 分	
2	PLC 外部接线图	输入输出点数尽量最少	10 分	
3	PLC 梯形图	① 梯形图能实现相应控制功能 ② 格式要正确	35 分	
4	PLC 相应指令	① 能将梯形图转化成指令程序 ② 格式要正确	35 分	
5	规范操作	按要求操作	10 分	
总 分			100 分	

◆ **任务反馈**

任务完成后，让学生自己总结，将完成情况填入表 2-3-4 中。

表 2-3-4　　　　　　　　　　　　　　任务反馈表

误差项目	产生原因	修正措施
□按下起动按钮，电动机不运行 □松开起动按钮后电动机停止 □按下停止按钮电动机不能停止	□PLC 外部接线 □梯形图错误 □指令出错	

拓展训练

设计 PLC 控制电动机正反转梯形图，要求有相应的保护措施。

任务四　PLC 控制三相异步电动机 Y–△减压起动

任务描述

通过 PLC 编程控制三相异步电动机 Y-△减压起动，按下按钮 SB1 时电动机 Y 减压起动，过 3s 后自动转换为△全压运行，按下停止按钮 SB2 电动机停止运行。

技能目标

❖ 掌握 PLC 控制电动机 Y–△减压起动的方法。

❖ 熟练使用定时器 T 编程。

知识准备

一、定时器 T 的基本介绍

1. 定时器的特点

① 定时器相当于继电器控制电路中的时间继电器。

② 定时器的延时时间通过编程设定。

③ 定时器能提供常开、常闭延时触点供用户编程使用，编程时触点可以反复使用。

④ 不同型号和规格的 PLC 定时器的个数和定时时间的长短是不相同的。

2. 定时器的分类

（1）定时器靠累计 PLC 内的 1ms、10ms、100ms 等时钟脉冲来计时，累计一次计一次数，当累计到所定的设定值时定时器的触点动作，因此可以分成 100ms 定时器、10ms 定时器和 1ms 定时器。

100ms 定时器，K 的数值×100ms 得到的数值就是定时器的设定时间，单位是 ms，具体使用方法如图 2-4-1 所示。

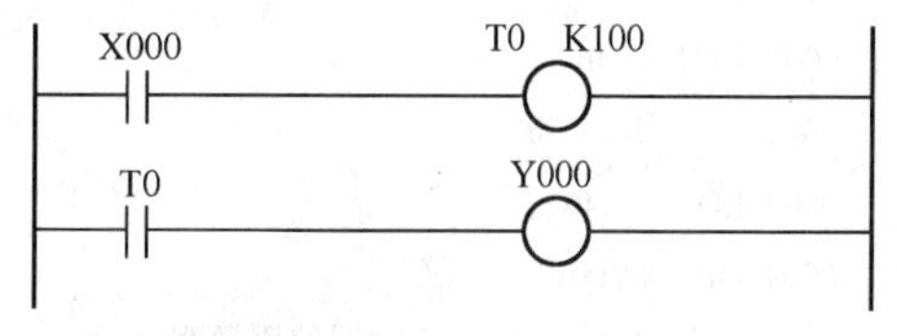


```
0000 LD   X000
0001 OUT  T0
0002      K100
0003 LD   T0
0004 OUT  Y000
```

图 2-4-1　100ms 定时器使用说明

当 X000 常开触点闭合，定时器 T0 线圈得电开始计时，计时时间为10s（100×100ms），10s后T0的常开触点闭合，输出继电器Y000有输出。如果在计时过程中，X000常开触点断开或者停电，当X000常开触点再次闭合时或来电重新起动时，定时器T0重新开始计时，计时10s后，T0常开触点闭合，Y000有输出。

同理10ms和1ms定时器的设定时间分别为K值×10ms和K值×1ms，具体使用方法同100ms定时器一样。

（2）定时器按作用可以分成两类：普通定时器和积算定时器。

① 普通定时器编号为T0～T245。

100ms的定时器编号为T0～T199，共200点，设定值范围为0.1～3276.7s；10ms的定时器有T200～T245，共46点，设定值范围为0.01～327.67s。

② 积算定时器编号为T246～T255。

1ms积算定时器编号为T246～T249共4点，每点设定值范围为0.001～32.767s，100ms积算定时器T250～T255共6点，每个设定值范围为0.1～3276.7s，和普通定时器不同的是积算定时器有断电记忆及复电继续工作的特点。

积算定时器的使用方法如图2-4-2所示。

当X001常开触点闭合，积算定时器T246线圈得电开始计时10s（10 000×1ms），如果计够10s，T246常开触点闭合，输出继电器Y001有输出，假如在计时过程中X001常开触点断开或者停电，当X001常开触点闭合或者再次来电起动时，积算定时器T246继续计时，计够10s后其常开触点闭合，Y001有输出。积算定时器复位时需要以后要介绍的复位指令。

二、定时器的扩展应用

1. 延时断开电路

图2-4-3所示为延时断开电路。

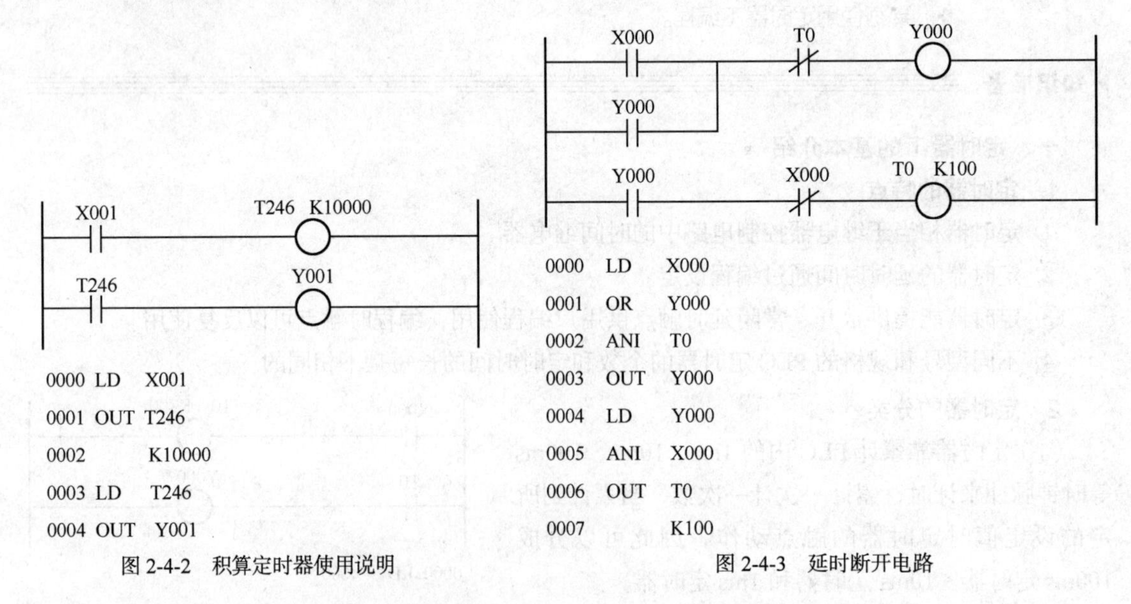
X001
T246 K10000
T246
Y001
0000 LD X001
0001 OUT T246
0002 K10000
0003 LD T246
0004 OUT Y001
X000
T0
Y000
Y000
Y000
X000
T0 K100
0000 LD X000
0001 OR Y000
0002 ANI T0
0003 OUT Y000
0004 LD Y000
0005 ANI X000
0006 OUT T0
0007 K100

图2-4-2 积算定时器使用说明

图2-4-3 延时断开电路

当输入继电器X000常开触点闭合常闭触点断开时，Y000线圈得电，Y000常开触点闭合，形成自锁，虽然Y000常开触点闭合，由于X000常闭触点断开，所以定时器T0线圈不会得电，当X000常开触点断开，由于Y000常开触点闭合，因此Y000线圈不会失电，此时由于X000常闭触点闭合，定时器T0线圈得电开始计时，10s后到达T0设定时间，T0常闭触点断开，此时Y000线圈失电。

2. 延时闭合断开电路

如图 2-4-4 所示梯形图。

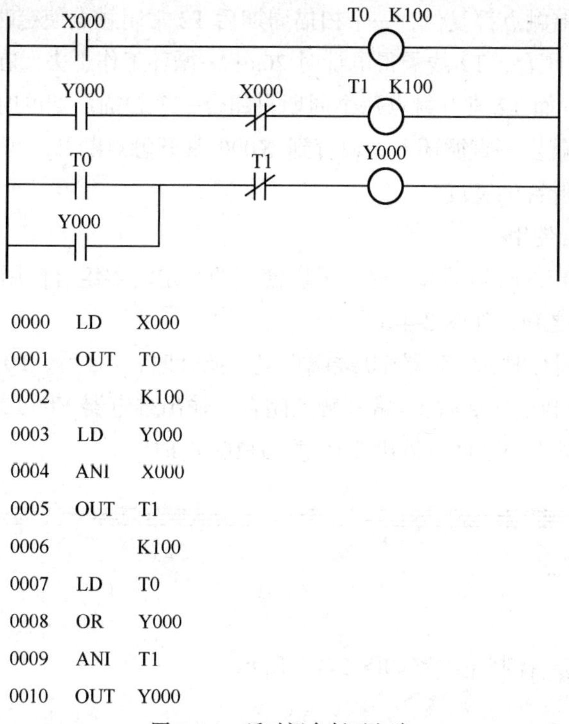
X000
T0 K100
Y000
X000
T1 K100
T0
T1
Y000
Y000
0000 LD X000
0001 OUT T0
0002 K100
0003 LD Y000
0004 ANI X000
0005 OUT T1
0006 K100
0007 LD T0
0008 OR Y000
0009 ANI T1
0010 OUT Y000

图 2-4-4 延时闭合断开电路

图 2-4-4 中有两个定时器，T0 控制延时闭合，T1 控制延时断开，当 X000 闭合时 T0 线圈得电开始计时，10s 后 T0 常开触点闭合 Y000 有输出，Y000 常开触点闭合，形成自锁，下个扫描周期虽然 Y000 常开触点闭合，由于 X000 常闭触点断开，定时器 T1 线圈不会得电。

当 X000 常开触点断开时，定时器 T0 线圈断电，T0 触点复位，此时 X000 常闭触点闭合，定时器 T1 线圈得电开始计时，10s 后，T1 常闭触点断开，Y000 失电。

3. 脉冲发生器电路

虽然 M8013 等特殊辅助继电器可以产生信号脉冲，但是特殊辅助继电器产生的脉冲宽度不可以调节，如图 2-4-5 所示电路可以产生宽度可以调节的时钟脉冲。

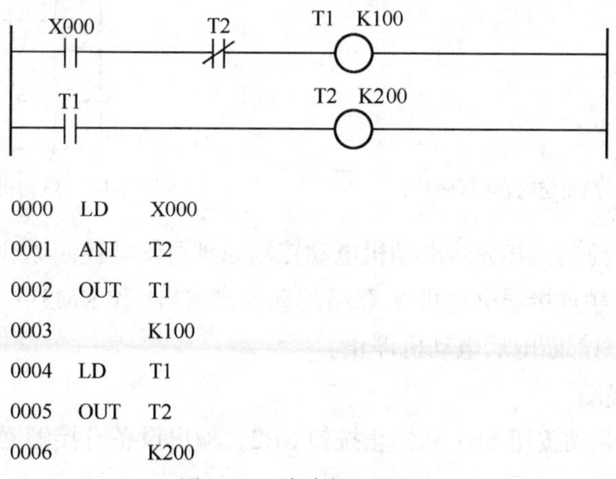
X000
T2
T1 K100
T1
T2 K200
0000 LD X000
0001 ANI T2
0002 OUT T1
0003 K100
0004 LD T1
0005 OUT T2
0006 K200

图 2-4-5 脉冲发生器电路

当 X000 常开触点闭合时，定时器 T1 线圈得电开始计时，10s 后，T1 常开触点闭合定时器 T2 线圈得电开始计时，再过 20s，T2 常闭触点断开，T1 线圈断电，T1 常开触点断开，定时器 T2 线圈也断电，两个定时器触点都复位，一个扫描周期后 T2 常闭触点使定时器 T1 得电重新开始计时，10s 后 T1 常开触点闭合，T2 线圈得电计时 20s……循环工作下去。在一个周期中 T1 的常开触点闭合 20s 断开 10s，而 T2 常开触点每个周期只闭合一个扫描周期的时间。只要 X000 常开触点闭合，脉冲振荡电路就会一直循环下去，直到 X000 常开触点断开。可以通过调节两个定时器定时时间的长短来控制脉冲的宽度。

4. 两个定时器组合使用

如果一个定时器设定的时间不够长时，可以使用两个定时器组合使用，组合后可以设定的时间是两个定时器设定值之和，如图 2-4-6 所示。

当 X000 常开触点闭合时，定时器 T0 线圈得电开始计时，10s 后，T0 常开触点闭合，定时器 T1 线圈得电开始计时，再过 10s 后 T1 常开触点闭合，输出继电器 Y000 线圈得电。这样从 X000 常开触点闭合到输出继电器 Y000 有输出要经过 10+10s 的时间。

任务实施

◆ 实际操作

1. 主电路

电动机 Y/△减压起动控制主电路如图 2-4-7 所示。

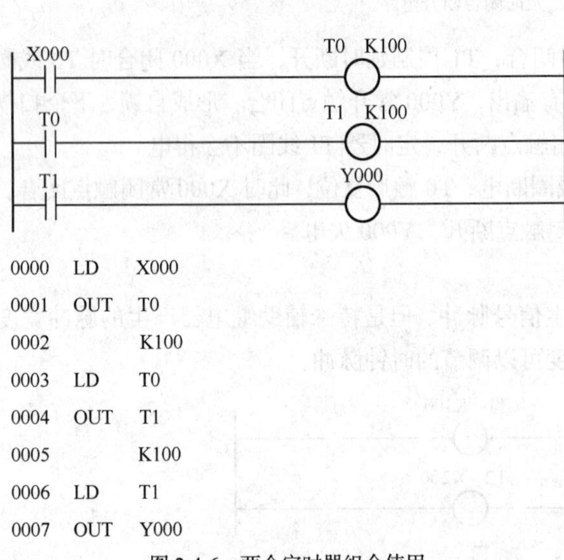

图 2-4-6 两个定时器组合使用

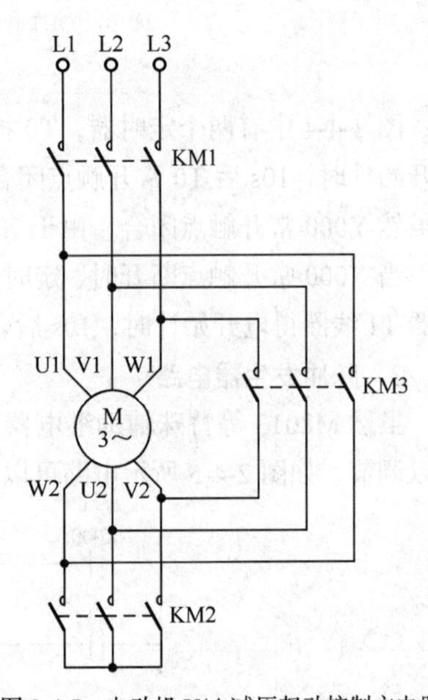

图 2-4-7 电动机 Y/△减压起动控制主电路

根据继电器-接触器控制三相异步电动机电动控制原理可知其控制原理为：合上断路器 QF 之后，当 KM1 和 KM2 主触点接通电动机 Y 联结起动；当 KM1 和 KM3 主触点闭合电动机转换为△联结运行，接触器线圈都断电后电动机停止。

2. PLC 的 I/O 接线图

PLC 的输入设备有起动按钮 SB1 和停止按钮 SB2，输出设备有接触器 KM1、KM2、KM3。I/O 地址分配如表 2-4-1 所示。

表 2-4-1　　PLC 控制电动机 Y/△减压起动 I/O 地址分配

输入设备	起动按钮	X000
	停止按钮	X001
输出设备	KM1	Y000
	KM2	Y001
	KM3	Y002

分配好 I/O 信号后可以得到 PLC 的 I/O 接线图如图 2-4-8 所示。

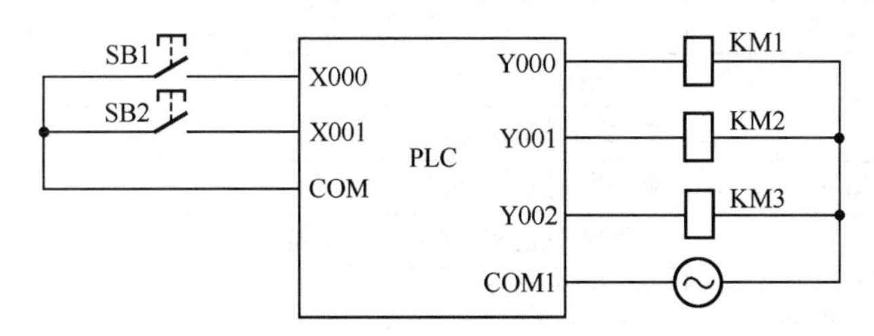

图 2-4-8　电动机 Y/△减压起动 PLC 接线图

3. PLC 编程程序

当 X000 常开触点闭合，Y000 和 Y001 线圈得电有输出，驱动接触器 KM1 和 KM2 线圈得电，接触器主触点动作，电动机 Y 联结运行，同时定时器 T0 线圈得电开始计时，6s 后，Y001 线圈断电，Y002 线圈得电，接触器 Y002 主触点闭合，电动机△联结运行。梯形图如图 2-4-9 所示。

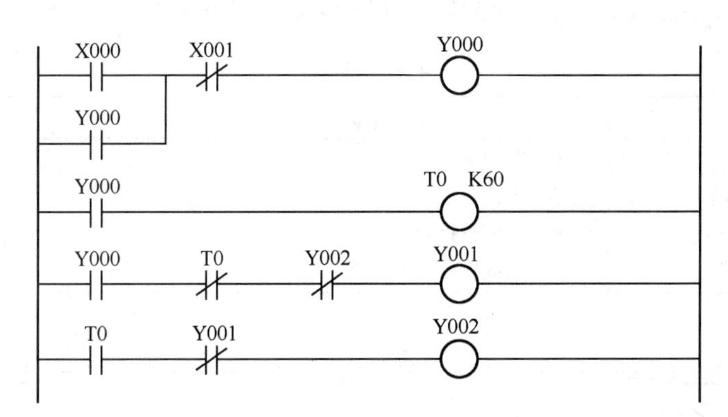

图 2-4-9　电动机 Y/△减压起动控制梯形图

相应指令如表 2-4-2 所示。

表 2-4-2　　指令对照表

0000	LD X000	0004	LD Y000	0008	ANI T0	0012	ANI Y001
0001	OR Y000	0005	OUT T0	0009	ANI Y002	0013	OUT Y002
0002	ANI X001	0006	K60	0010	OUT Y001	0014	END
0003	OUT Y000	0007	LD Y000	0011	LD T0	0015	

4. 程序调试

用 FX 系列编程软件将梯形图输入 PLC 后，将 PLC 置于 RUN，运行程序，先后按下按钮 SB1 和 SB2，观察电动机运行情况是否与控制要求一致，如果动作情况和控制要求一致表明程序正确，保存程序。如果发现电动机运行情况和控制要求不相符，应仔细分析，找出原因，重新修改，直到电动机运行情况和控制要求一致为止。

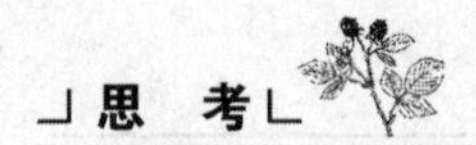

思　考

定时器和时间继电器控制有什么不同？

◆ **检测评分**

将学生任务完成情况的检测与评价填入表2-4-3中。

表2-4-3　　评分表

序号	考核项目	评定原则	分值	得分
1	安全文明	① 安全操作 ② 设备维护保养	10分	
2	PLC外部接线图	输入输出点数尽量最少	10分	
3	PLC梯形图	① 梯形图能实现相应控制功能 ② 格式要正确	35分	
4	PLC相应指令	① 能将梯形图转化成指令程序 ② 格式要正确	35分	
5	规范操作	按要求操作	10分	
		总　分	100分	

◆ **任务反馈**

任务完成后，让学生自己总结，将完成情况填入表2-4-4中。

表2-4-4　　任务反馈表

误差项目	产生原因	修正措施
□电动机不能起动 □不能转换成△联结运行 □电动机运行后不能停止 □起动后直接是△联结运行	□按钮有问题 □导线连接错误 □梯形图编写错误 □梯形图或指令输入错误	

拓展训练

若没有定时器能否实现PLC控制电动机Y-△减压起动，若能够实现，试设计梯形图。

任务五　水塔水位的PLC控制

任务描述

如图2-5-1所示，当水池水位低于水池低水位界限S4时，阀门打开进水，并开启定时器开始计时。4s后，如果水池水位还没有到低水位的位置，阀门指示灯Y就会闪烁，表示阀门出现故障，没有进水；如果水位到达高水位界限S3时，阀门关闭；如果水池水位高于低水位界限S4并且水塔水位低于低水位界限S2时，电动机转动，开始抽水；当水塔水位高于水塔高水位界限S1时，电动机M1停止转动。

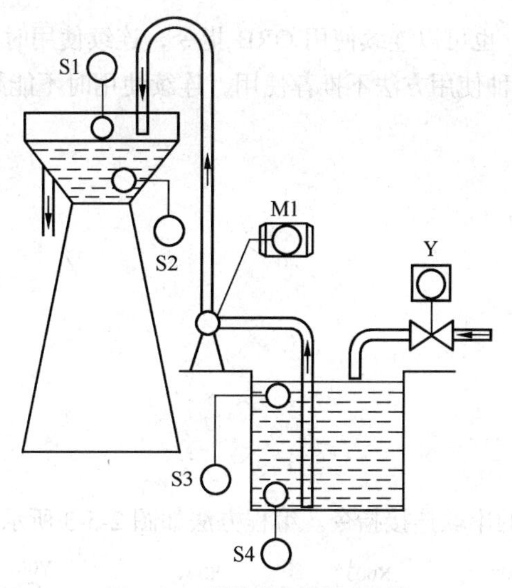

图 2-5-1　水塔水位控制系统图

技能目标

- ❖ 掌握 PLC 控制水塔水位的方法。
- ❖ 掌握 ORB、ANB 指令的编程方法。

知识准备

块指令（ANB、ORB）

1. ORB：串联电路块的并联连接指令。编程方法如图 2-5-2 所示。

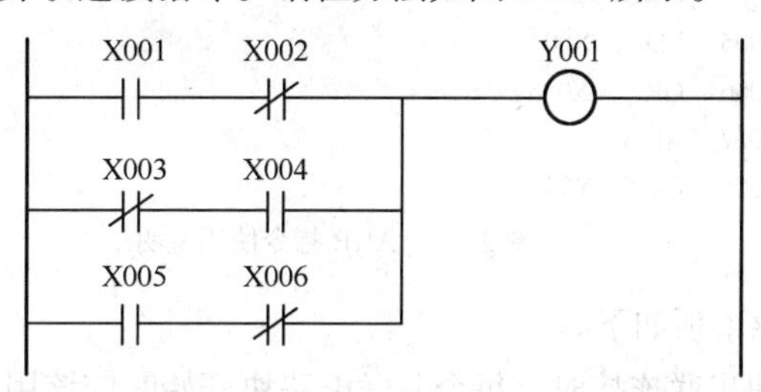


```
0000 LD   X001
0001 ANI  X002
0002 LDI  X003
0003 AND  X004
0004 ORB
0005 LD   X005
0006 ANI  X006
0007 ORB
0008 OUT  Y001
```

图 2-5-2　ORB 指令使用说明

ORB 指令使用注意事项如下。

① 几个串联电路块并联连接时，每个串联电路块开始时应该用 LD 或者 LDI 指令。

② 并联多个电路块时，如果对每个电路块都使用 ORB 指令，则并联电路块的数量不受限制。

③ 多个电路块并联时，也可以连续使用 ORB 指令，连续使用时，图 2-5-2 所示的梯形图可以变成如下指令语句表，这种使用方法不推荐使用，连续使用时不能超过 8 次。

```
0000 LD  X001
0001 ANI X002
0002 LDI X003
0003 AND X004
0004 LD  X005
0005 ANI X006
0006 ORB
0007 ORB
0008 OUT Y001
```

2. ANB：并联电路块的串联连接指令。编程方法如图 2-5-3 所示。

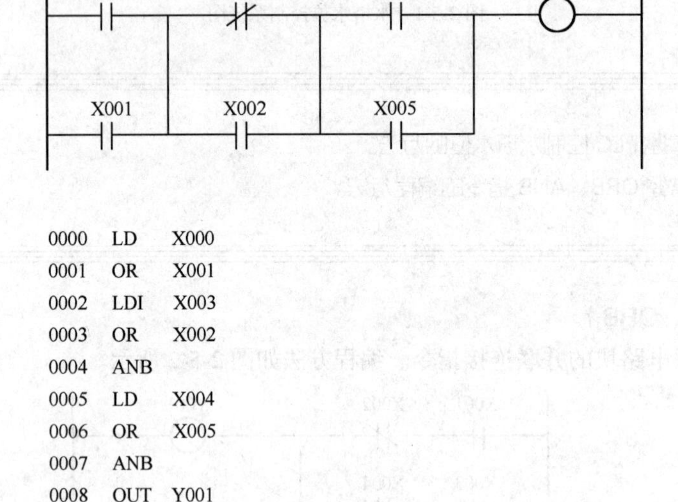


```
0000 LD  X000
0001 OR  X001
0002 LDI X003
0003 OR  X002
0004 ANB
0005 LD  X004
0006 OR  X005
0007 ANB
0008 OUT Y001
```

图 2-5-3 ANB 指令使用说明

ANB 指令使用注意事项如下。

① 几个并联电路块串联连接时，每个并联电路块开始时应该用 LD 或者 LDI 指令。

② 串联多个电路块时，如果对每个电路块都使用 ANB 指令，则串联电路块的数量不受限制。

③ 和 ORB 指令相同，多个电路块串联时，也可以连续使用 ANB 指令，连续使用时图 2-5-3 所示的梯形图可以转换成如下指令语句表，连续使用时不能超过 8 次。

```
0000 LD  X000
0001 OR  X001
0002 LDI X003
0003 OR  X002
0004 LD  X004
0005 OR  X005
0006 ANB
0007 ANB
0008 OUT Y001
```

任务实施

◆ 实际操作

1. PLC 的 I/O 接线图

I/O 地址分配如表 2-5-1 所示。

表 2-5-1　　I/O 地址分配表

输入设备	水塔高水位开关	X000
	水塔低水位开关	X001
	水池高水位开关	X002
	水池低水位开关	X003
输出设备	进水阀	Y001
	抽水电动机 M	Y000

分配好 I/O 信号后可以得到 PLC 的 I/O 接线图如图 2-5-4 所示。

2. PLC 程序设计

发生故障时指示灯会闪烁，因此需要 1s 时钟脉冲发生器，脉冲发生器的梯形图如图 2-5-5 所示，T1 的常开触点 1s 闭合一次。

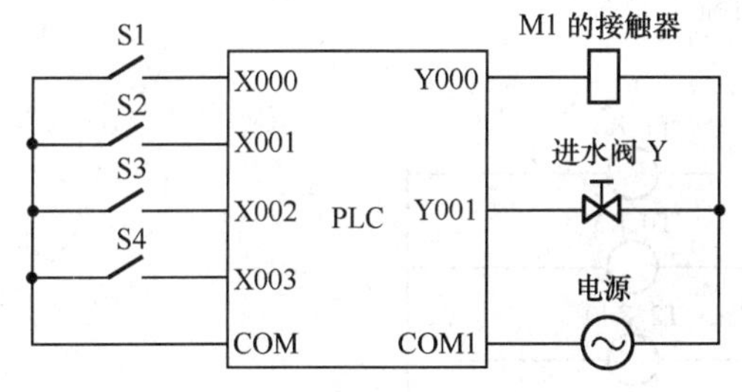

图 2-5-4　水塔水位的 PLC 接线图

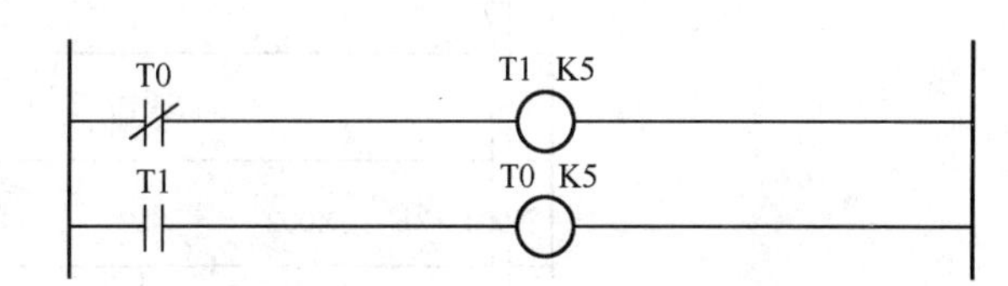

图 2-5-5　水塔水位的 PLC 控制梯形图之一

当水位低于水池低水位时，X003 常开触点闭合，Y001 线圈得电，打开进水阀开始向水池注水，同时定时器 T2 线圈得电，计时 4s。4s 后，T2 常开触点闭合常闭触点断开，如果此时水位没有到达水池低水位，并且定时器 T2 常闭触点断开，停止给 Y001 线圈供电，由于 T2 常开触点闭合，T1 常开触点 1s 闭合一次，所以 Y001 线圈 1s 得电一次，控制指示灯闪烁，说明进水阀出现故障；如果此时水位已经到达水池低水位，X003 常闭触点闭合，定时器 T3 线圈得电计时 0.1s，0.1s 后 T3 常开触点闭合，Y001 线圈得电，继续向水池注水，当水池水位到达高水位时，X002 常闭触点断开，定时器 T0 线圈和 Y001 线圈同时断电，停止向水池注水。控制梯形图如图 2-5-6 所示。

当水池水位低于低水位 S4 时，X003 常开触点闭合开始向水池注水，当水位上升到高于低水位 S4 并且水塔水位低于低水位 S2 时，Y000 线圈得电驱动电动机运行，向水塔抽水，当水塔水位高于高水位 S1 时，X000 常闭触点断开，Y000 线圈断电，停止抽水。梯形图如图 2-5-7 所示。

3. 综合梯形图

综合梯形图如图 2-5-8 所示。

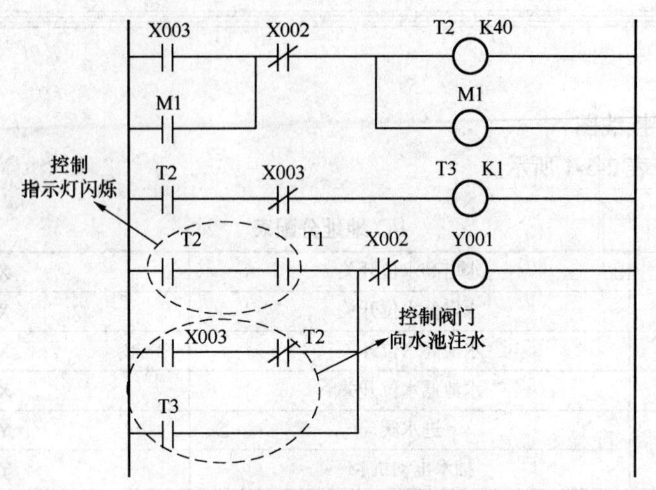

图 2-5-6　水塔水位的 PLC 控制梯形图之二

图 2-5-7　水塔水位的 PLC 控制梯形图之三

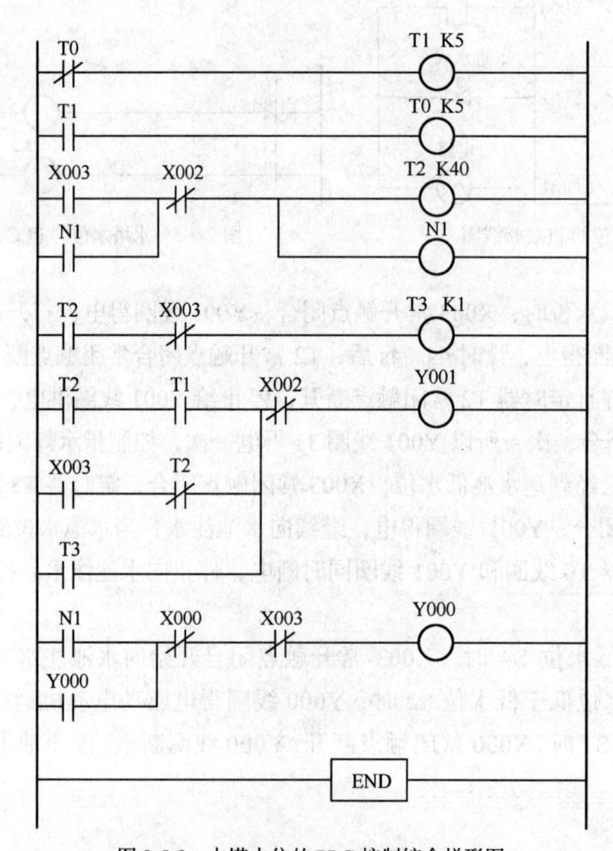

图 2-5-8　水塔水位的 PLC 控制综合梯形图

4. 指令语句表

相应指令如表 2-5-2 所示。

表 2-5-2　　　　　　　　　　　　　　指令对照表

0000	LDI T0	0008	ANI X002	0016	LD T2	0024	LD M1
0001	OUT T1	0009	OUT T2	0017	AND T1	0025	OR Y000
0002	K5	0010	K40	0018	LD X003	0026	ANI X000
0003	LD T1	0011	OUT M1	0019	ANI T2	0027	ANI X003
0004	OUT T0	0012	LD T2	0020	ORB	0028	OUT Y000
0005	K5	0013	ANI X003	0021	OR T3	0029	END
0006	LD X003	0014	OUT T3	0022	ANI X002		
0007	OR M1	0015	K1	0023	OUT Y001		

5. 程序调试

用 FX 系列编程软件将梯形图输入 PLC 后，将 PLC 置于 RUN，运行程序，观察水池和水塔的进水情况是否与控制要求一致，如果和控制要求一致表明程序正确，保存程序。如果水池和水塔的进水情况和控制要求不相符，应仔细分析，找出原因，重新修改，直到程序正确为止。

思　考

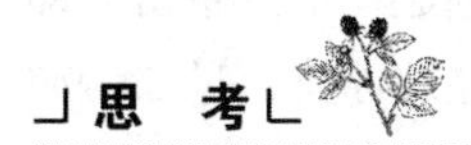

要求进水阀出故障时，指示灯每 0.2s 亮一次，梯形图应如何修改？

◆ 检测评分

将学生任务完成情况的检测与评价填入表 2-5-3 中。

表 2-5-3　　　　　　　　　　　　　　评分表

序号	考 核 项 目	评 定 原 则	分值	得分
1	安全文明	① 安全操作 ② 设备维护保养	10 分	
2	PLC 外部接线图	输入输出点数尽量最少	10 分	
3	PLC 梯形图	① 梯形图能实现相应控制功能 ② 格式要正确	35 分	
4	PLC 相应指令	① 能将梯形图转化成指令程序 ② 格式要正确	35 分	
5	规范操作	按要求操作	10 分	
总　分			100 分	

◆ 任务反馈

任务完成后，让学生自己总结，将完成情况填入表 2-5-4 中。

表 2-5-4　　　　　　　　　　　　　　任务反馈表

误 差 项 目	产 生 原 因	修 正 措 施
□系统不能运行 □电动机不运行 □进水阀故障时指示灯不亮	□导线连接错误 □梯形图编写错误 □指令输入错误	

› 拓展训练

将图 2-5-9 所示的梯形图转换成指令。

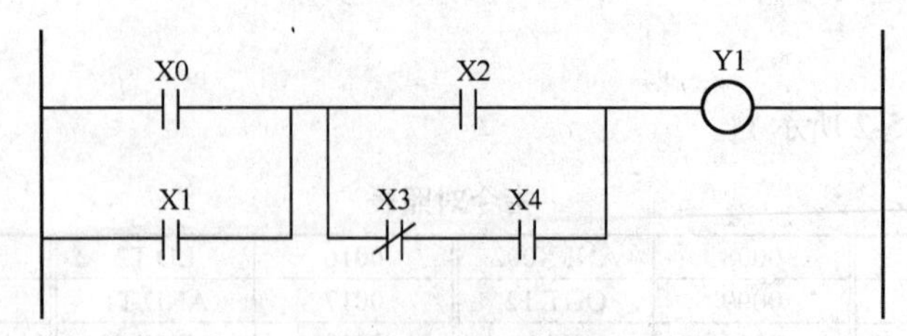

图 2-5-9　拓展训练梯形图

任务六　四节传送带的 PLC 控制

任务描述

传送系统中有 4 条皮带运输机，用 4 台电动机分别带动，起动时先起动最末一条皮带机，经 5s 延时，再依次起动其他皮带机。停止时先停止最前一条皮带机，待运料完毕后再依次停止其他皮带机。当某条皮带发生故障时，按下皮带故障按钮，该皮带机及其在它之前起动的皮带机立即停止，而该皮带机以后的皮带机待运完后才停止，例如 M2 故障，M1、M2 立即停止，过 5s M3 停止，再过 5s M4 停止。图 2-6-1 所示为传送系统示意图。

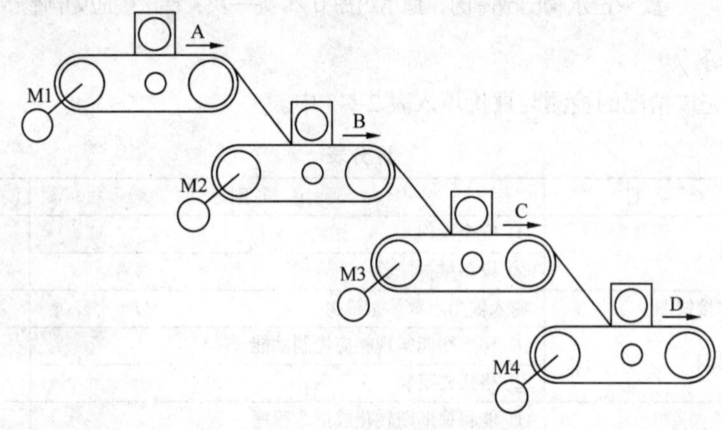

图 2-6-1　传送系统示意图

技能目标

❖ 掌握 PLC 控制运料小车按要求运行的方法。

❖ 掌握 SET、RST 指令的编程方法。

知识准备

置位与复位指令（SET、RST）

1. SET（Set）：置位指令，保持操作指令。

2. RST（Reset）：复位指令，操作复位指令。

这两条指令占 1～3 个程序步，用 RST 指令可以对定时器、计数器、数据寄存器和变址寄存器内容清零。使用方法如图 2-6-2 所示。

当 X000 常开触点闭合，Y000 线圈会保持得电，即使 X000 常开触点闭合，Y000 线圈也不会断电，直到 X001 常开触点闭合让 Y000 线圈复位，Y000 线圈才会断电。

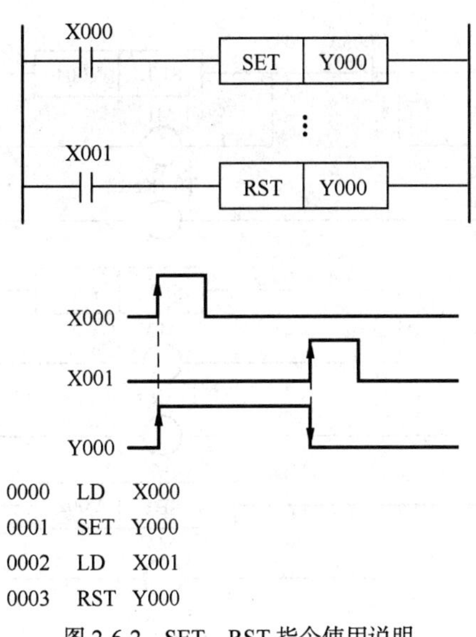

图 2-6-2 SET、RST 指令使用说明

▶ 任务实施

◆ 实际操作

1. PLC 的 I/O 接线图

I/O 地址分配如表 2-6-1 所示。

表 2-6-1 I/O 地址分配表

输入设备	起动按钮	X000
	停止按钮	X005
	第一条皮带机坏	X001
	第二条皮带机坏	X002
	第三条皮带机坏	X003
	第四条皮带机坏	X004
输出设备	电动机 M1 接触器	Y001
	电动机 M2 接触器	Y002
	电动机 M3 接触器	Y003
	电动机 M4 接触器	Y004

分配好 I/O 信号后可以得到 PLC 的 I/O 接线图如图 2-6-3 所示。

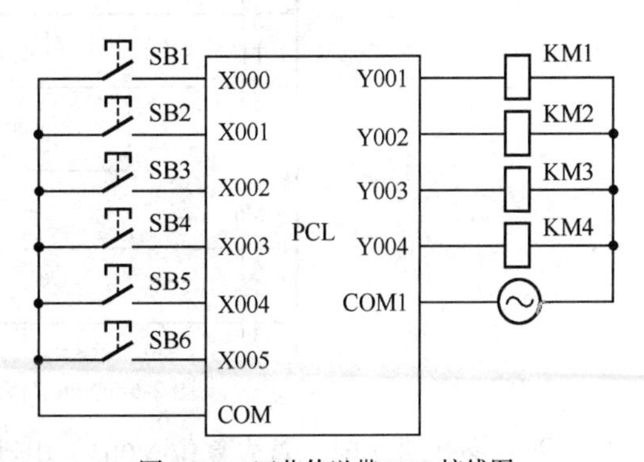

图 2-6-3 四节传送带 PLC 接线图

2. PLC 程序设计

按下起动按钮，置位 Y004 驱动电动机 M4 运行，同时辅助继电器 M1 得电，M1 常开触点闭合，定时器 T0 线圈得电开始计时 5s，5s 后，T0 常开触点闭合，置位 Y003 驱动电动机 M3 运行，同理 5s 后起动电动机 M2，再过 5s，起动电动机 M1，按下停止按钮后辅助继电器 M1～M3 和定时器 T0～T2 都复位，准备下次工作，梯形图如图 2-6-4 所示。

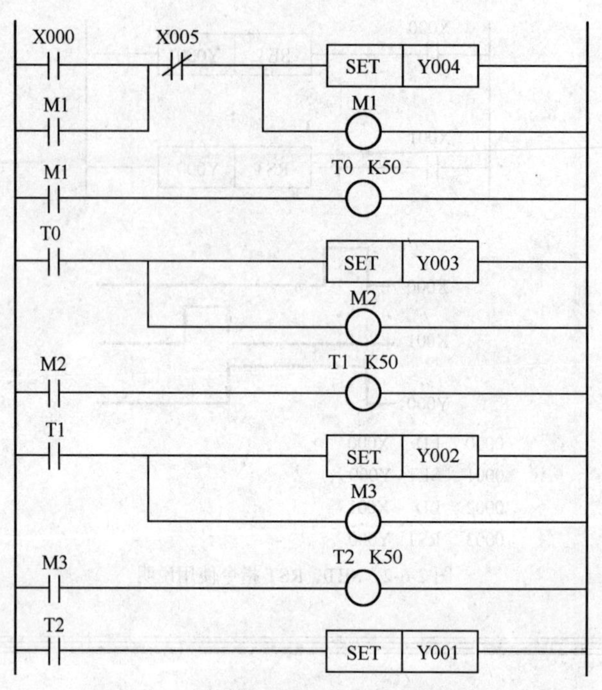

图 2-6-4　四节传送带的PLC控制梯形图之一

按下停止按钮，Y001首先复位，电动机M1停止，同时辅助继电器M4得电，M4常开触点闭合，定时器T3线圈得电开始计时，5s后T3常开触点闭合，复位Y002，电动机M2停止，同理5s后电动机M3停止，再过5s电动机M4停止，起动按钮按下时，辅助继电器M4～M6和定时器T3～T5复位，准备下次工作，梯形图如图2-6-5所示。

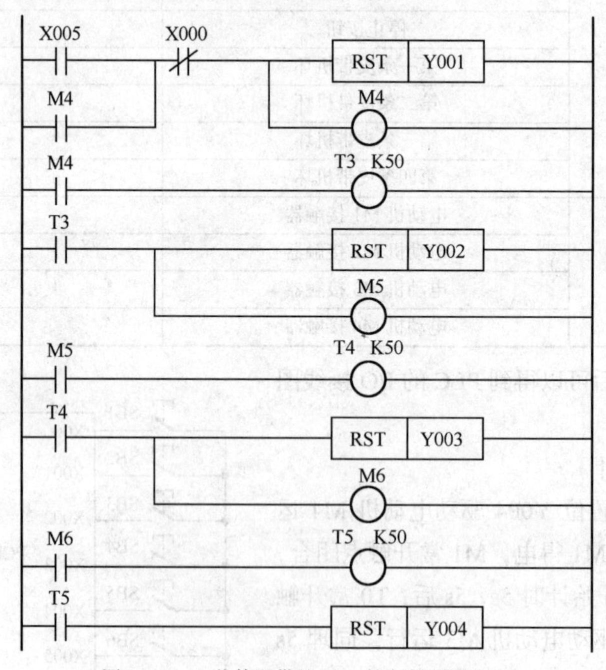

图 2-6-5　四节传送带的PLC控制梯形图之二

第一条皮带坏时，首先复位Y001，电动机M1停止，同时辅助继电器M7得电，M7常开触点闭合，定时器T6开始计时，5s后，T6常开触点闭合，复位Y002电动机M2停止，同理过5s

后电动机 M3 停止，再过 5s 电动机 M4 停止，梯形图如图 2-6-6 所示。

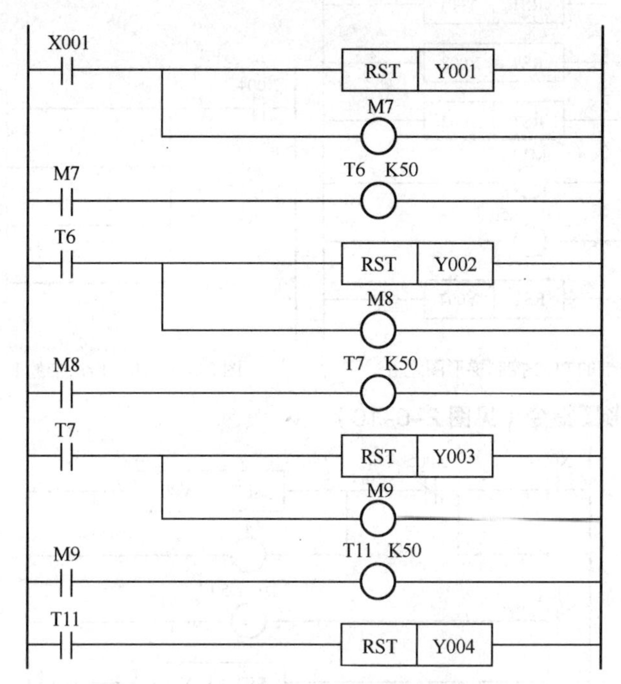

图 2-6-6　四节传送带的 PLC 控制梯形图之三

第二条皮带坏时，输出继电器 Y001 和 Y002 同时复位，电动机 M1 和 M2 同时停止，5s 后电动机 M3 停止，再过 5s，电动机 M4 停止，梯形图如图 2-6-7 所示。

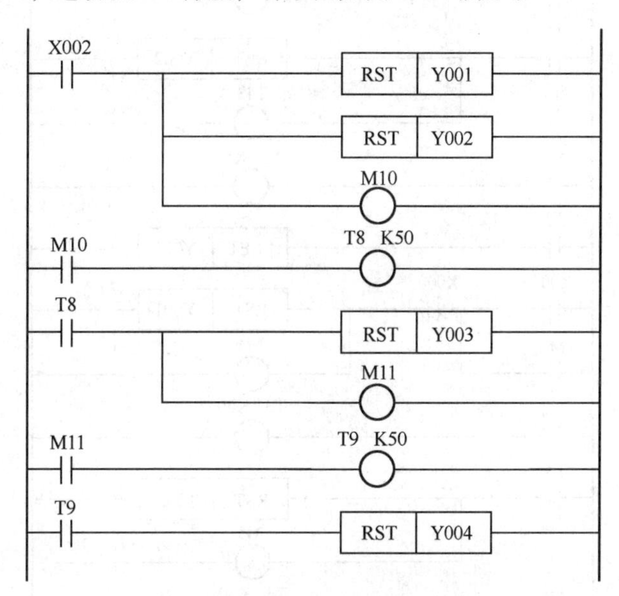

图 2-6-7　四节传送带的 PLC 控制梯形图之四

第三条皮带坏时，输出继电器 Y001、Y002、Y003 同时复位，电动机 M1、M2、M3 同时停止，过 5s 后电动机 M4 停止，梯形图如图 2-6-8 所示。

第四条皮带机坏时，输出继电器 Y001、Y002、Y003、Y004 同时复位，4 个电动机同时停止，梯形图如图 2-6-9 所示。

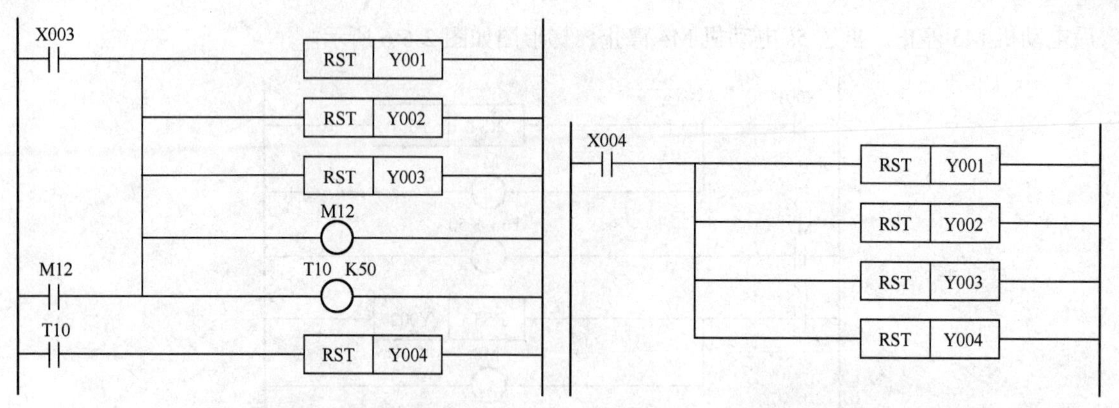

图 2-6-8 四节传送带的 PLC 控制梯形图之五　　图 2-6-9 四节传送带的 PLC 控制梯形图之六

3. PLC 综合梯形图指令（见图 2–6–10）

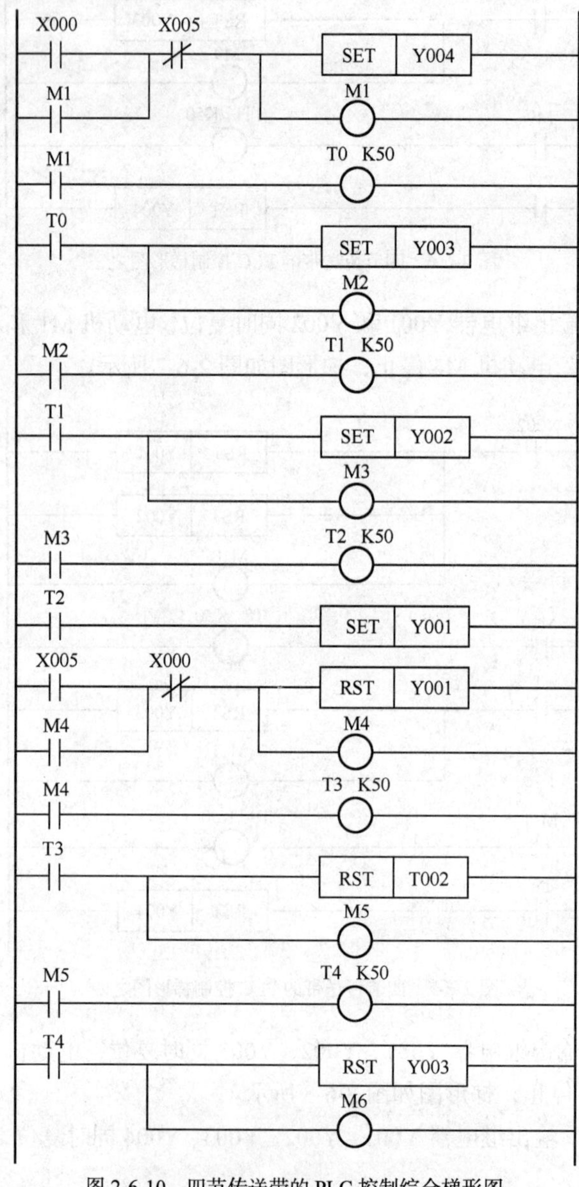

图 2-6-10 四节传送带的 PLC 控制综合梯形图

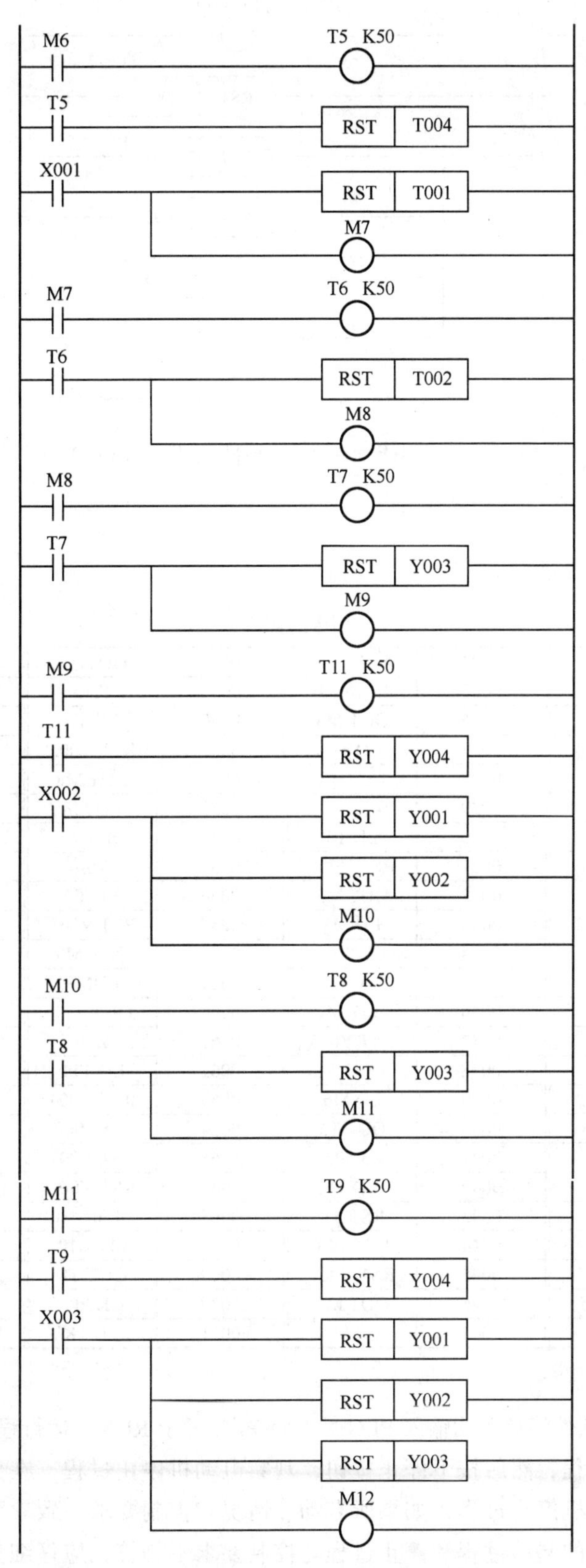

图 2-6-10 四节传送带的 PLC 控制综合梯形图（续）

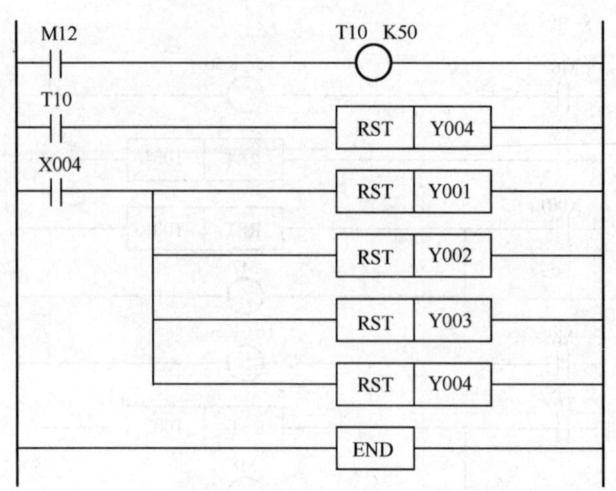

图 2-6-10 四节传送带的 PLC 控制综合梯形图（续）

4. 指令语句表

相应指令如表 2-6-2 所示。

表 2-6-2 指令对照表

0000	LD X000	0024	ANI X000	0048	OUT T6	0072	RST Y003
0001	OR M1	0025	RST Y001	0049	K50	0073	OUT M11
0002	ANI X005	0026	OUT M4	0050	LD T6	0074	LD M11
0003	SET Y004	0027	LD M4	0051	RST Y002	0075	OUT T9
0004	OUT M1	0028	OUT T3	0052	OUT M8	0076	K50
0005	LD M1	0029	K50	0053	LD M8	0077	LD T9
0006	OUT T0	0030	LD T3	0054	OUT T7	0078	RST Y004
0007	K50	0031	RST Y002	0055	K50	0079	LD X003
0008	LD T0	0032	OUT M5	0056	LD T7	0080	RST Y001
0009	SET Y003	0033	LD M5	0057	RST Y003	0081	RST Y002
0010	OUT M2	0034	OUT T4	0058	OUT M9	0082	RST Y003
0011	LD M2	0035	K50	0059	LDM9	0083	OUT M12
0012	OUT T1	0036	LD T4	0060	OUT T11	0084	LD M12
0013	K50	0037	RST Y003	0061	K50	0085	OUT T10
0014	LD T1	0038	OUT M6	0062	LD T11	0086	K50
0015	SET Y002	0039	LD M6	0063	RST Y004	0087	LD T10
0016	OUT M3	0040	OUT T5	0064	LD X002	0088	RST Y004
0017	LD M3	0041	K50	0065	RST Y001	0089	LD X004
0018	OUT T2	0042	LD T5	0066	RST Y002	0090	RST Y001
0019	K50	0043	RST Y4	0067	OUT M10	0091	RST Y002
0020	LD T2	0044	LD X001	0068	LD M10	0092	RST Y003
0021	SET Y001	0045	RST Y001	0069	OUT T8	0093	RST Y004
0022	LD X005	0046	OUT M7	0070	K50	0094	END
0023	OR M4	0047	LD M7	0071	LD T8		

5. 程序调试

用 FX 系列编程软件将梯形图输入 PLC 后，将 PLC 置于 RUN，运行程序，按下起动按钮，观察电动机的起动过程，然后按下停止按钮，观察电动机停止过程，在分别按下相应的故障模拟按钮，观察电动机停止过程，如果所有动作情况和控制要求一致表明程序正确，保存程序。如果发现电动机的起动过程和停止过程与控制要求不相符，应仔细分析，找出原因，重新修改。

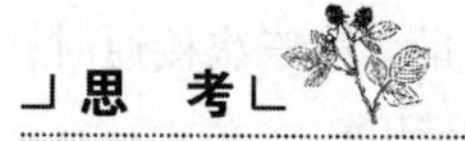

如果第一条皮带机和第二条皮带机同时坏，皮带机怎样停止?

◆ **检测评分**

将学生任务完成情况的检测与评价填入表 2-6-3 中。

表 2-6-3　　评分表

序号	考核项目	评定原则	分值	得分
1	安全文明	① 安全操作 ② 设备维护保养	10 分	
2	PLC 外部接线图	输入输出点数尽量最少	10 分	
3	PLC 梯形图	① 梯形图能实现相应控制功能 ② 格式要正确	35 分	
4	PLC 相应指令	① 能将梯形图转化成指令程序 ② 格式要正确	35 分	
5	规范操作	按要求操作	10 分	
总分			100 分	

◆ **任务反馈**

任务完成后，让学生自己总结，将完成情况填入表 2-6-4 中。

表 2-6-4　　任务反馈表

误差项目	产生原因	修正措施
□系统不能起动 □电动机同时运行 □系统不能停止 □任意一台电动机坏，系统停止 □只有故障的皮带机停止运行 □电动机同时停止	□按钮有问题 □导线连接错误 □梯形图编写错误 □指令输入错误	

› 拓展训练

如果有一条皮带机的重物超重时，要求载重皮带机和它前面的皮带机都停止运行，试设计程序并且验证。

任务七　轧钢机的 PLC 控制

任务描述

如图 2-7-1 所示系统起动后，电动机 M1、M2 运行，传送钢板。检测传送带上有无钢板的传感器 S1 的信号为 ON 表示有钢板，电动机 M3 正转。S1 的信号消失，检测传送带上钢板到位后传感器 S2 有信号，表示钢板到位，电磁阀动作，电动机 M3 反转，Y001 给一个向下压下的量，S2 信号消失，S1 有信号，电动机 M3 正转，如此重复上述过程。Y1 第一次接通，发光管 A 亮，表示有一个向下压下的量，第二次接通时，A、B 亮，表示有两个向下压下的量，第三次接通时，A、B、C 亮，表示有 3 个向下压下的量，若此时 S2 有信号，则停机，需重新起动。

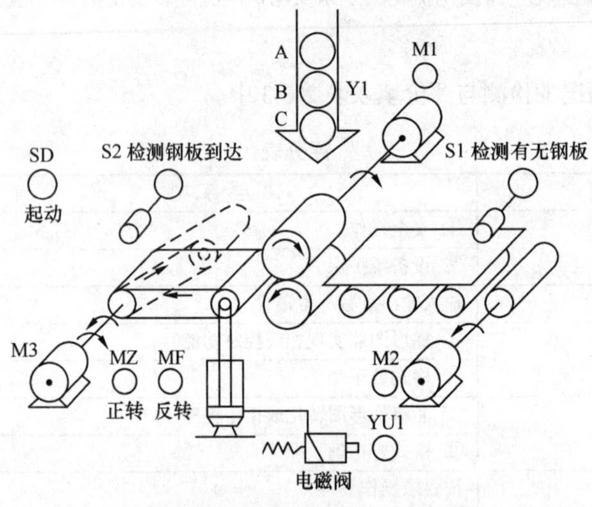

图 2-7-1　轧钢机的 PLC 控制系统图

技能目标

- 掌握 PLC 控制轧钢机系统的方法。
- 掌握计数器 C 的使用方法。

知识准备

一、计数器（C）基本知识

计数器主要用来记脉冲个数或者根据脉冲个数设定时间。计数器的计数数值通过 K 后的数值来设定，也可以通过数据寄存器 D 中存储的数据来设定。按 PLC 字长分类，计数器可以分成 16 位和 32 位计数器。根据脉冲信号的频率不同，计数器可分成通用计数器和高速计数器。根据计数器的计数方式，计数器可分成加计数器和减计数器。

1. 16 位加计数器

设定值范围是 1～32 767。

16 位计数器主要有：通用型计数器和断电保持计数器。

通用型计数器编号为 C0～C99（100 点），其断电以后，计数器将自动复位。

断电保持计数器编号为 C100～C199（100 点），其断电后，计数数值保持不变，来电以后计数器接着原来的数值继续计数。

16 位加计数器使用方法如图 2-7-2 所示。

每当 X001 常开触点由断开到闭合的瞬间，计数器 C0 计一次数，当 X001 闭合 6 次时，即使 X001 再次闭合，计数器也会保持为 6，同时

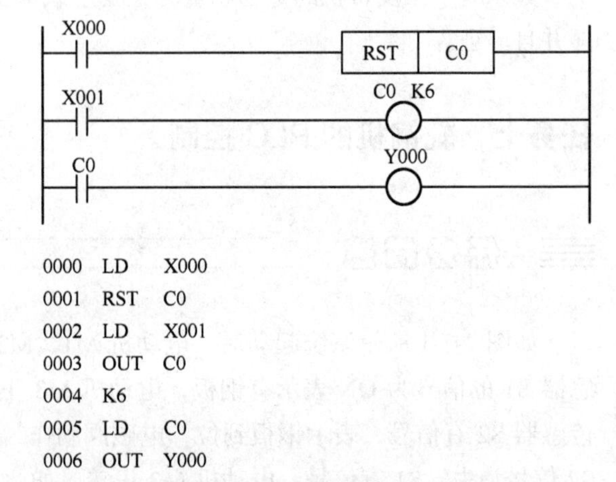


```
0000 LD  X000
0001 RST C0
0002 LD  X001
0003 OUT C0
0004 K6
0005 LD  C0
0006 OUT Y000
```

图 2-7-2　16 位加计数器使用说明

C0 的触点动作，输出继电器 Y000 有输出。如果要让继电器复位，只要让 X000 常开触点闭合即可。如果 X000 和 X001 都有输入，计数器不计数。

2. 32 位加减计数器

设定值范围是–2 147 483 648～2 147 483 647。

32 位可逆计数器主要有：通用型计数器和断电保持型计数器。

通用型计数器编号为 C200～C219，共 20 点。

断电保持型计数器编号为 C220～C234，共 15 点。

32 位计数器可以加计数可以减计数，其计数方式由特殊辅助继电器 M8200～M8234 来设定，如表 2-7-1 所示：当特殊辅助继电器为 1 时，对应的计数器为减计数器；反之，为加计数器。例如当 M8200 为 1 时，其对应的计数器 C200 为减计数器，反之 C200 为加计数器。

表 2-7-1　　32 位加/减计数器的加减方式控制用的特殊辅助继电器

计数器编号	加减方式	计数器编号	加减方式	计数器编号	加减方式	计数器编号	加减方式
C200	M8200	C209	M8209	C218	M8218	C227	M8227
C201	M8201	C210	M8210	C219	M8219	C228	M8228
C202	M8202	C211	M8211	C220	M8220	C229	M8229
C203	M8203	C212	M8212	C221	M8221	C230	M8230
C204	M8204	C213	M8213	C222	M8222	C231	M8231
C205	M8205	C214	M8214	C223	M8223	C232	M8232
C206	M8206	C215	M8215	C224	M8224	C233	M8233
C207	M8207	C216	M8216	C225	M8225	C234	M8234
C208	M8208	C217	M8217	C226	M8226	C235	M8235

32 位计数器使用说明如图 2-7-3 所示。

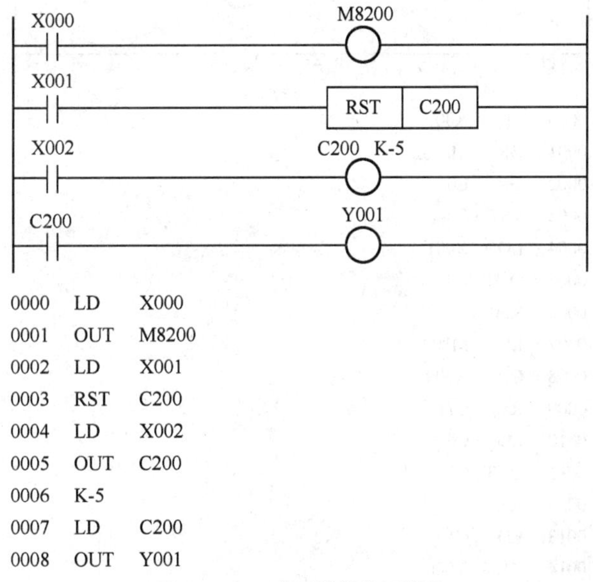
X000
M8200
X001
RST
C200
X002
C200 K-5
C200
Y001
0000 LD X000
0001 OUT M8200
0002 LD X001
0003 RST C200
0004 LD X002
0005 OUT C200
0006 K-5
0007 LD C200
0008 OUT Y001

图 2-7-3　32 位计数器使用说明

图 2-7-3 中所示计数器 C200 的设定值为–5，当 X000 常开触点断开，M8200 线圈失电时，对应的计数器 C200 为加计数器，当 X000 常开触点闭合，M8200 线圈得电，对应的计数器 C200 为减计数器，在 X002 常开触点的上升沿计数器进行计数。当前值由–6 加 1 变成–5 时计数器触点动

作，当前值由–5 减 1 变成–6 时，触点复位。当 X001 常开触点闭合时，计数器不计数，处于复位状态。

前面介绍的 16 位计数器，计数值到达设定值时就会保持不变，而 32 位计数器不一样，它是循环计数，只要满足条件它就会继续计数，如果在加计数方式下计数，将一直加到最大值 2 147 483 647 再加 1 就变成最小值–2 147 483 648，如果在减计数方式下，将一直减计数到最小值–2 147 483 648，再减 1 就变成最大值 2 147 483 647。

二、计数器的扩展应用

1. 两个计数器组合使用

如果一个计数器满足不了要求时，可以用两个计数器组合计数，这时计数器可以计的数值就是两个计数器设定值的乘积，编程方法如图 2-7-4 所示。

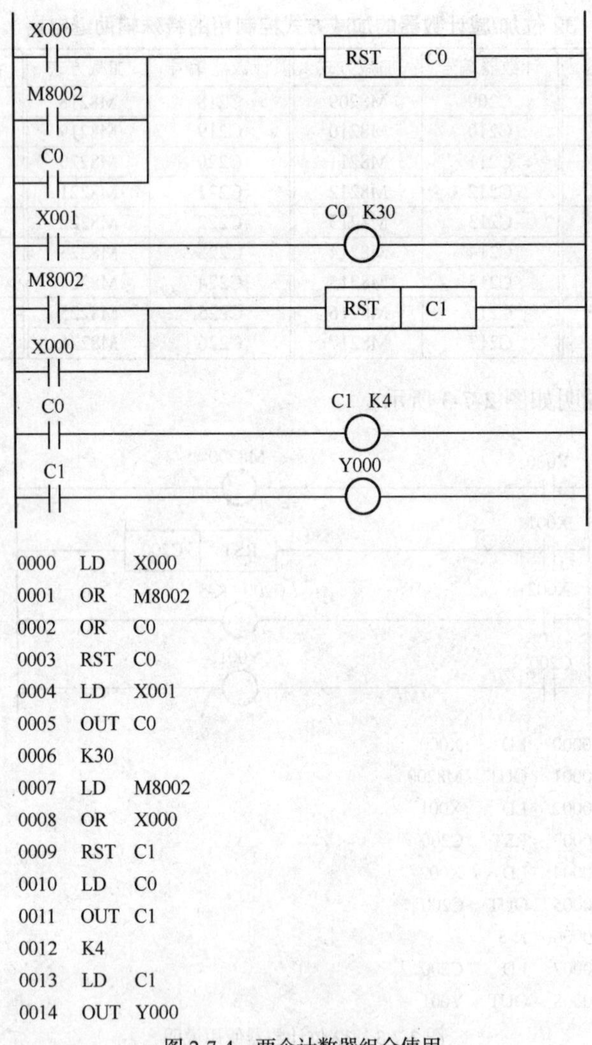
X000
M8002
C0
RST C0
X001
C0 K30
M8002
X000
RST C1
C0
C1 K4
C1
Y000
0000 LD X000
0001 OR M8002
0002 OR C0
0003 RST C0
0004 LD X001
0005 OUT C0
0006 K30
0007 LD M8002
0008 OR X000
0009 RST C1
0010 LD C0
0011 OUT C1
0012 K4
0013 LD C1
0014 OUT Y000

图 2-7-4　两个计数器组合使用

PLC 运行瞬间 M8002 常开触点闭合，计数器 C0 和 C1 复位。X001 常开触点闭合一次计数器 C0 计一次数，当 C0 计数到设定值 30 的时候，C0 下面的常开触点闭合，C1 计数一次，下一个扫描周期，C0 上面的常开触点闭合，将计数器 C0 复位，计数值为 0，C0 常开触点只有一个扫描周期的时间是闭合的，之后又可以重新计数，这样 X001 每闭合 30 次，计数器 C0 触点动作一次，计数器 C1 计一次数，当 X001 闭合 30 × 4 次的时候，C1 计数值达到设定值，C1 的常开触点闭合，Y000 有输出。当 X000 常开触点闭合时，计数器 C0 和 C1 都复位，常开触点都断开，Y000 没有输出。

2. 定时器和计数器组合使用

定时器和计数器组合使用，可以延长定时器的定时时间。定时器可以计的时间就是定时器和计数器设定值的乘积，如图 2-7-5 所示。

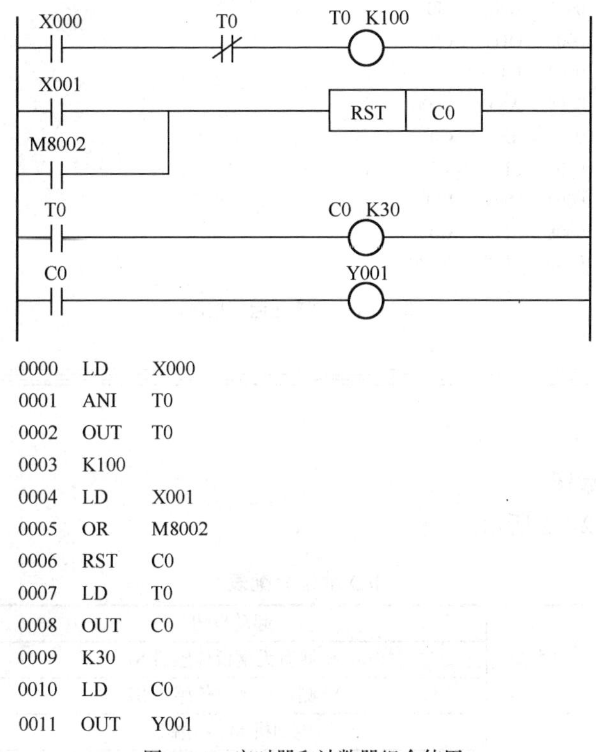
X000
T0
T0 K100
X001
RST
C0
M8002
T0
C0 K30
C0
Y001
0000 LD X000
0001 ANI T0
0002 OUT T0
0003 K100
0004 LD X001
0005 OR M8002
0006 RST C0
0007 LD T0
0008 OUT C0
0009 K30
0010 LD C0
0011 OUT Y001

图 2-7-5 定时器和计数器组合使用

当 X000 闭合后，定时器 T0 得电开始计时，10s 后，T0 常开触点闭合，计数器 C0 计数一次，下一个扫描周期 T0 常闭触点断开，定时器 T0 线圈失电，触点复位，定时器 T0 触点动作时间只有一个扫描周期，定时器常闭触点复位后，T0 线圈得电，重新开始计时，每隔 10s T0 的触点动作一次，计数器 C0 计数一次，30 × 10s 后，计数器 C0 计数值到达设定值 C0 常开触点闭合，Y001 有输出。

3. 单按钮起动停止电路

如图 2-7-6 所示，梯形图单按钮起停，图中只有一个按钮就可以控制 Y000 得电和失电。

当 X000 常开触点闭合时经过 M0 常闭触点使计数器 C0 得电计数，计数值为 1 正好到达设定值，C0 的常开触点动作，Y000 有输出可以驱动负载，X000 常开触点闭合后 M0 线圈得电，下一个扫描周期，虽然 Y000 常开触点闭合，但是 M0 常闭触点断开，C0 不会复位，X000 常开触点断开时，Y000 仍然有输出。

X000 常开触点再次闭合时，C0 线圈得电，但是已经达到设定值，所以保持不变，由于此时 Y000 常开触点闭合，C0 复位，C0 的常开触点断开，Y000 线圈失电，下一个扫描周期 M0 常闭触点断开 C0 线圈不会得电，X000 常开触点断开时，Y000 仍然处于断电状态。

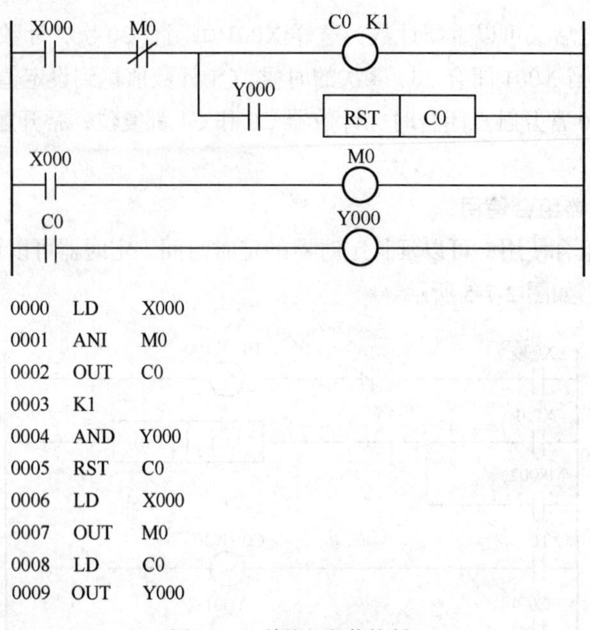
X000
M0
C0 K1
Y000
RST
C0
X000
M0
C0
Y000
0000 LD X000
0001 ANI M0
0002 OUT C0
0003 K1
0004 AND Y000
0005 RST C0
0006 LD X000
0007 OUT M0
0008 LD C0
0009 OUT Y000

图 2-7-6 单按钮起停控制

任务实施

◆ 实际操作

1. PLC 的 I/O 接线图

I/O 地址分配如表 2-7-2 所示。

表 2-7-2 I/O 地址分配表

输入设备	起动按钮	X000
	检测有无钢板传感器 S1	X001
	检测钢板到位传感器 S2	X002
输出设备	电动机 M1 接触器	Y000
	电动机 M2 接触器	Y001
	电动机 M3 正转接触器	Y002
	电动机 M3 反转接触器	Y003
	发光管 A	Y004
	发光管 B	Y005
	发光管 C	Y006
	电磁阀动作指示灯	Y007

分配好 I/O 信号后可以得到 PLC 的 I/O 接线图如图 2-7-7 所示。

2. PLC 程序设计

起动按钮接通后，X000 常开触点闭合，Y000 和 Y001 线圈得电，电动机 M1、M2 运行，准备传送钢板，梯形图如图 2-7-8 所示。

检测传感器 S1 检测到有钢板时，X001 有输入，此时 Y002 有输出，带动电动机 M3 正转，当钢板传送到位后检测钢板传感器 S2 有信号，X002 有输入，此时 Y003 有输出，电动机 M3 反转，同时 Y007 有输出，指示灯 YU1 亮，表示钢板到位，电动机 M3 正反转有互锁触点，梯形图如图 2-7-9 所示。

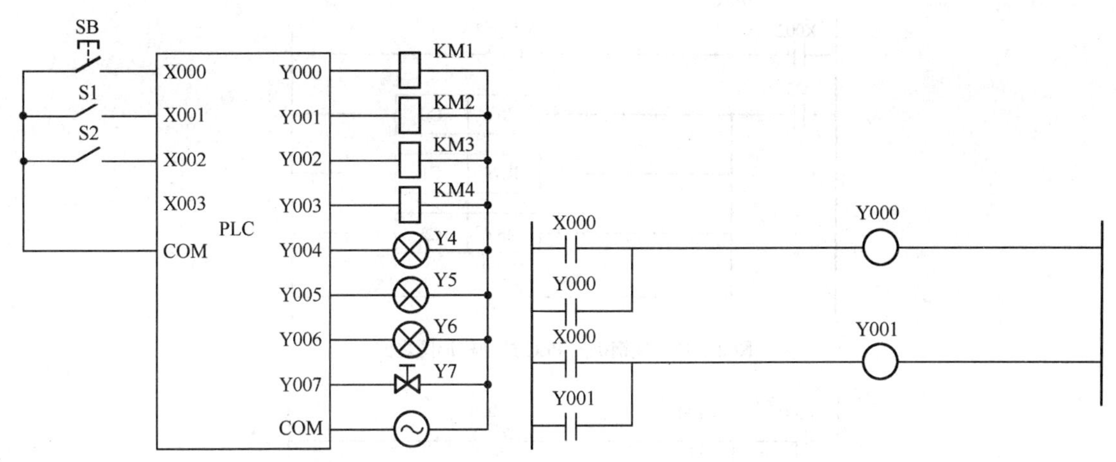

图 2-7-7 轧钢机的 PLC 接线图

图 2-7-8 轧钢机的 PLC 控制梯形图之一

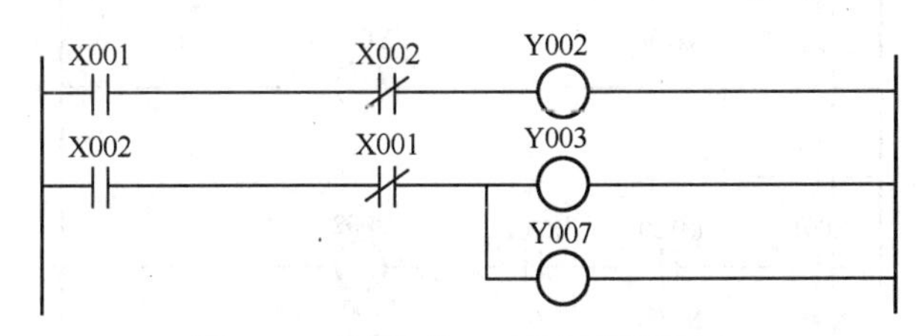

图 2-7-9 轧钢机的 PLC 控制梯形图之二

用 3 个计数器 C0、C1、C2 分别可以计数 1、2、3 次，钢板第一次到位时，计数器都记一次数，C0 常开触点闭合，Y004 有输出，数码管 A 亮，表示给一个向下压下的量，钢板第二次到位时，C1 计两个数时，其常开触点闭合，Y005 有输出，数码管 A、B 亮，表示给两个向下压下的量，钢板第三次到位时，C2 计 3 个数时，Y006 有输出，数码管 A、B、C 亮，表示给 3 个向下压下的量，梯形图如图 2-7-10 所示。

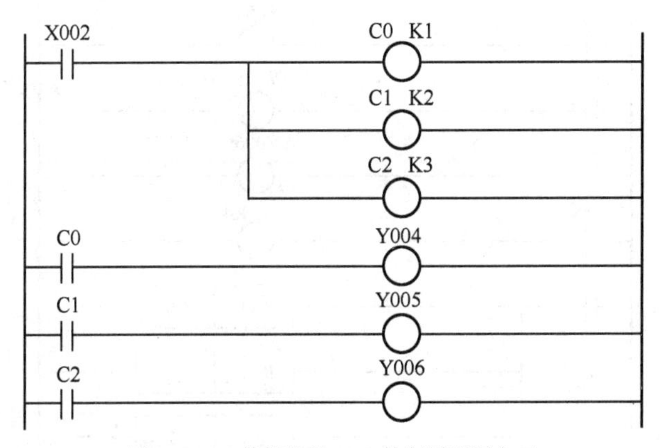

图 2-7-10 轧钢机的 PLC 控制梯形图之三

计数器 C3 可计数 4 次，钢板到位一次计数器计一次数，钢板到位 4 次后 C3 常开触点闭合让计数器 C0、C1、C2 复位同时接通 M100，M100 常闭点断开让整个系统停止。梯形图如图 2-7-11 所示。

3. PLC 综合梯形图指令

M100 常闭点断开后要求系统停止工作，因此电动机和计数器回路都串有 M100 常闭节点，在起动按钮按下后首先让计数器 C3 复位以便重新计数，梯形图如图 2-7-12 所示。

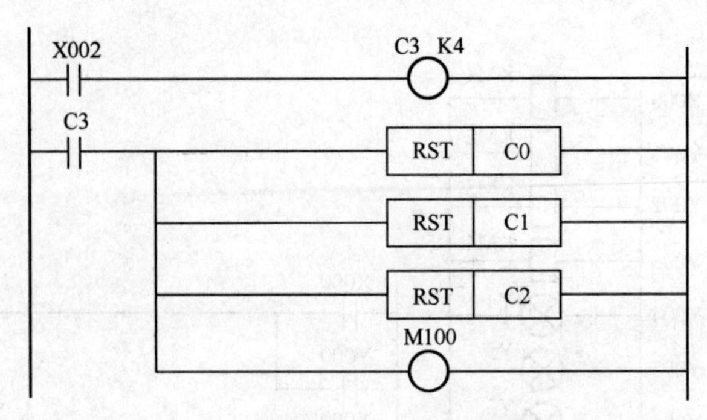

图 2-7-11　轧钢机的 PLC 控制梯形图之四

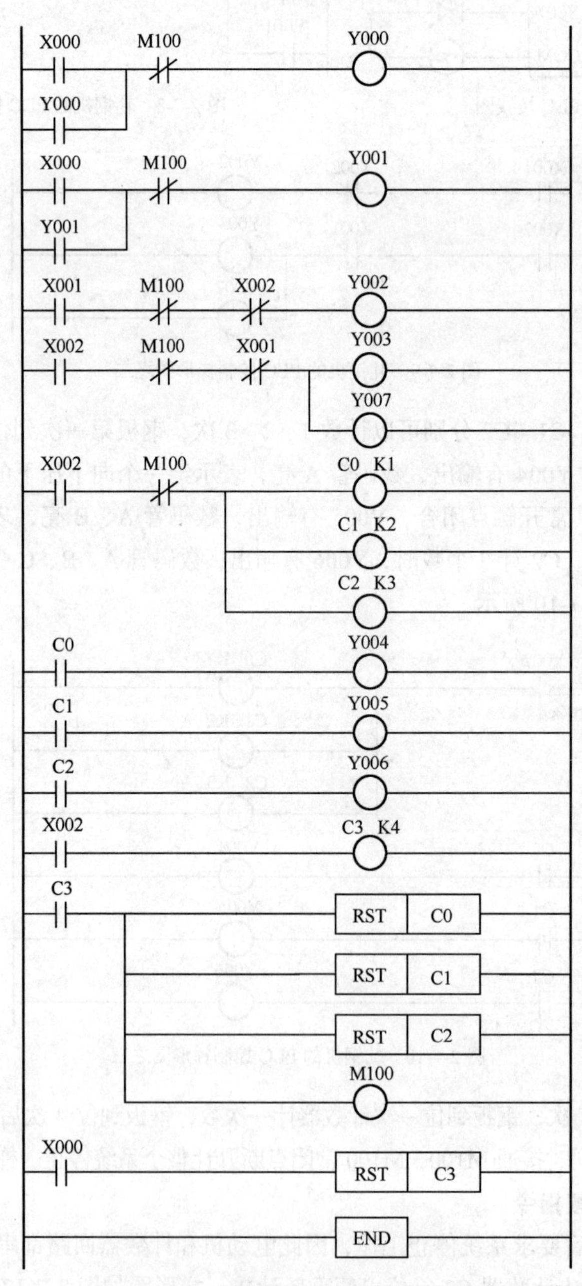

图 2-7-12　轧钢机的 PLC 控制综合梯形图

4. 程序调试

用 FX 系列编程软件将梯形图输入 PLC 后，将 PLC 置于 RUN，运行程序，按下相应按钮观察系统工作情况是否和要求一致，如果和控制要求一致表明程序正确。

如果要求钢板第二次到位时，给一个向下压下的量，钢板第三次到位时，给两个向下压下的量，钢板第四次到位时，给 3 个向下压下的量，钢板第五次到位时，系统停止，梯形图应该如何修改?

◆ 检测评分

将学生任务完成情况的检测与评价填入表 2-7-3 中。

表 2-7-3 评分表

序号	考核项目	评定原则	分值	得分
1	安全文明	① 安全操作 ② 设备维护保养	10 分	
2	PLC 外部接线图	输入输出点数尽量最少	10 分	
3	PLC 梯形图	① 梯形图能实现相应控制功能 ② 格式要正确	35 分	
4	PLC 相应指令	① 能将梯形图转化成指令程序 ② 格式要正确	35 分	
5	规范操作	按要求操作	10 分	
总分			100 分	

◆ 任务反馈

任务完成后，让学生自己总结，将完成情况填入表 2-7-4 中。

表 2-7-4 任务反馈表

误差项目	产生原因	修正措施
□系统起动后电动机 M1、M2 不运行 □电动机 M3 不正转 □电动机 M3 不反转 □系统不能停机	□按钮有问题 □导线连接错误 □梯形图编写错误 □梯形图或指令输入错误	

› 拓展训练

设计梯形图。

要求：用一个按钮控制一盏灯，每按一次按钮灯亮 5s 自动熄灭，如果连续按两次按钮，灯常亮不灭，再次按下按钮灯才能熄灭。

任务八 自动配料系统的 PLC 控制

任务描述

系统起动后，配料装置能自动识别货车到位情况及时对货车进行自动配料，当车装满时，配料系统自动关闭。

技能目标

- ❖ 熟练掌握 PLC 的编程和程序调试。
- ❖ 掌握 MPS、MRD、MPP 指令的编程方法。

知识准备

栈指令(MPS.MRD.MPP)

MPS：进栈指令，记忆到 MPS 指令为止的状态。

MRD：读栈指令，读出用 MPS 指令记忆的状态。

MPP：出栈指令，读出用 MPS 指令记忆的状态并清楚这些状态。

栈指令用于多输出电路，所完成的操作功能是将多输出电路中连接点的状态先存储，再用于连接后面的电路。

FX 系列的 PLC 中有 11 个存储中间结果的存储区域称为栈存储器。使用进栈指令 MPS 时，当时的运算结果被压入栈的第一层，栈中原来的数据依次向下一层推移，再次使用 MPS 指令时，又将该时刻的运算结果送入栈的第一层，而将先前送入存储的数据依次移到栈的下一层，使用出栈指令 MPP 时，各层的数据依次向上移动一次，读出最上层的数据，同时该数据就从栈中消失。MPD 是最上层所存数据的读出专用指令，读出时，栈内数据不会发生移动。

使用注意：

① 这 3 条指令均无操作数；

② MPS、MPP 指令必须成对使用，而且连续使用应少于 11 次。

例 1：如图 2-8-1 所示梯形图转换成指令后如下所示。

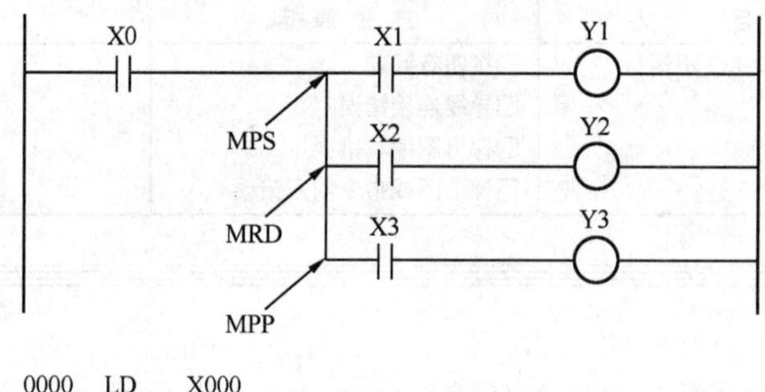


```
0000  LD    X000
0001  MPS           （入栈）
0002  AND   X001
0003  OUT   Y001
0004  MRD           （读栈）
0005  AND   X002
0006  OUT   Y002
0007  MPP           （出栈）
0008  AND   X003
0009  OUT   Y003
```

图 2-8-1　栈指令使用说明之一

例 2：梯形图指令如图 2-8-2 所示。

例 3：梯形图指令如图 2-8-3 所示。

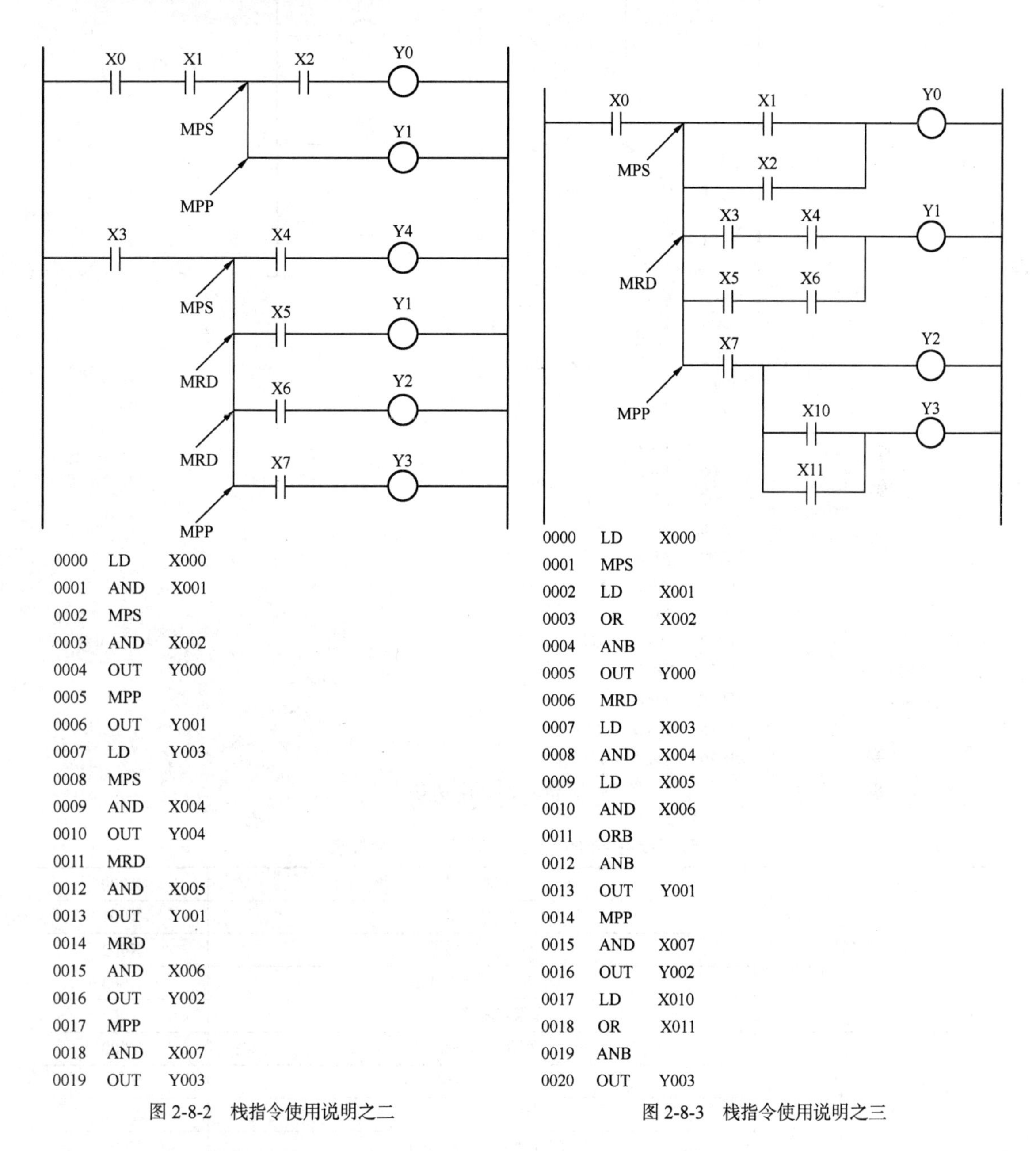
X0
X1
X2
Y0
MPS
Y1
MPP
X3
X4
Y4
MPS
X5
Y1
MRD
X6
Y2
MRD
X7
Y3
MPP
0000 LD X000
0001 AND X001
0002 MPS
0003 AND X002
0004 OUT Y000
0005 MPP
0006 OUT Y001
0007 LD Y003
0008 MPS
0009 AND X004
0010 OUT Y004
0011 MRD
0012 AND X005
0013 OUT Y001
0014 MRD
0015 AND X006
0016 OUT Y002
0017 MPP
0018 AND X007
0019 OUT Y003
X0
X1
Y0
MPS
X2
X3
X4
Y1
MRD
X5
X6
X7
Y2
MPP
X10
Y3
X11
0000 LD X000
0001 MPS
0002 LD X001
0003 OR X002
0004 ANB
0005 OUT Y000
0006 MRD
0007 LD X003
0008 AND X004
0009 LD X005
0010 AND X006
0011 ORB
0012 ANB
0013 OUT Y001
0014 MPP
0015 AND X007
0016 OUT Y002
0017 LD X010
0018 OR X011
0019 ANB
0020 OUT Y003

图 2-8-2　栈指令使用说明之二　　　图 2-8-3　栈指令使用说明之三

例 4：梯形图指令，如图 2-8-4 所示。

任务实施

◆ 实际操作

1. PLC 的 I/O 接线图

I/O 地址分配如表 2-8-1 所示。

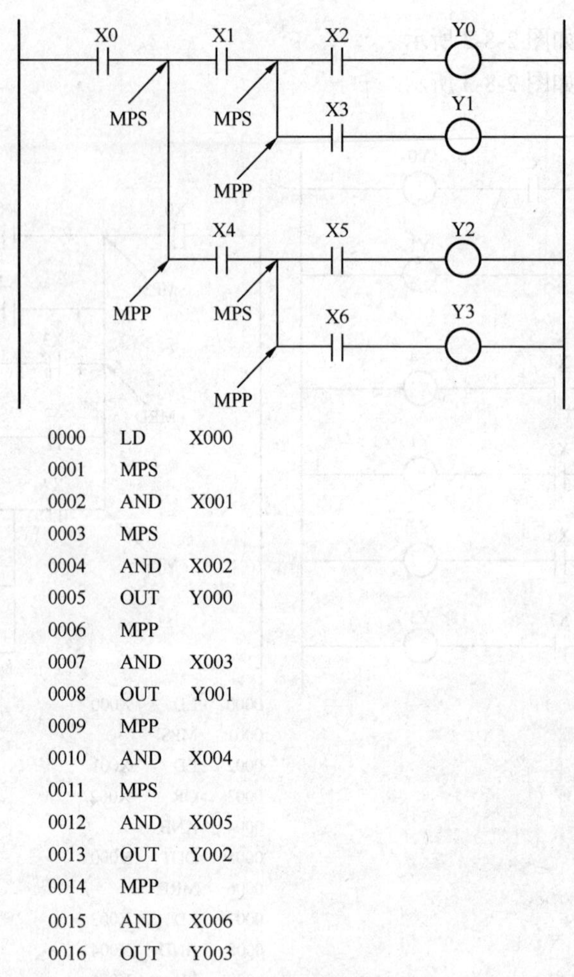
X0
X1
X2
Y0
MPS
MPS
X3
Y1
MPP
X4
X5
Y2
MPP
MPS
X6
Y3
MPP
0000 LD X000
0001 MPS
0002 AND X001
0003 MPS
0004 AND X002
0005 OUT Y000
0006 MPP
0007 AND X003
0008 OUT Y001
0009 MPP
0010 AND X004
0011 MPS
0012 AND X005
0013 OUT Y002
0014 MPP
0015 AND X006
0016 OUT Y003

图 2-8-4 栈指令使用说明之四

表 2-8-1 自动配料系统的 PLC 控制 I/O 地址分配表

输入设备	起动按钮	X000
	停止按钮	X001
	料斗满传感器	X002
	车未到位行程开关	X003
	车装满行程开关	X004
输出设备	车装满指示灯	Y000
	料斗下口下料电磁阀	Y001
	料斗满指示灯	Y002
	料斗上口下料电磁阀	Y003
	车未到位指示灯	Y004
	车到位指示灯	Y005
	电动机 M1 运行接触器 KM1	Y006
	电动机 M2 运行接触器 KM2	Y007
	电动机 M3 运行接触器 KM3	Y010
	电动机 M4 运行接触器 KM4	Y011

分配好 I/O 信号后可以得到 PLC 的 I/O 接线图如图 2-8-5 所示。

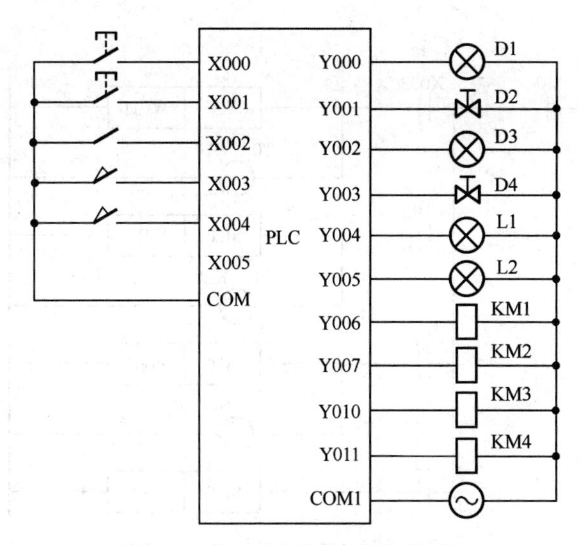

图 2-8-5　自动配料系统的 PLC 接线图

2. PLC 程序设计

设定 M0 为系统起动状态，按下起动按钮 X000 时，M0 = 1，按下停止按钮 X001 时，M0 = 0，梯形图如图 2-8-6 所示。

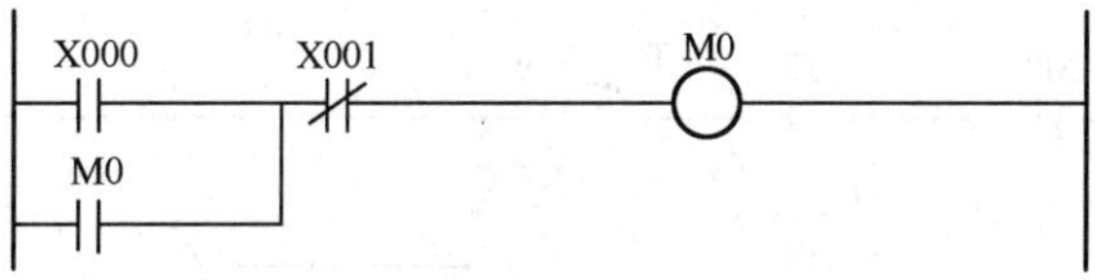

X000　X001　M0
M0

图 2-8-6　自动配料系统的 PLC 控制梯形图之一

系统起动后，M0 常开触点闭合，车未到位时，X003 常闭触点闭合，L1 指示灯亮，X004 常闭触点断开，L2 指示灯灭表明允许汽车开进装料。车到位后，X003 常闭触点断开，L1 灯灭，X004 常闭触点闭合，L2 灯亮。梯形图如图 2-8-7 所示。

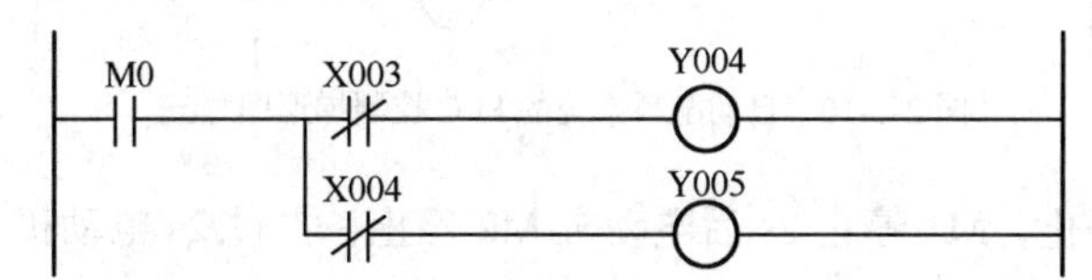

图 2-8-7　自动配料系统的 PLC 控制梯形图之二

系统起动后，若料位传感器 S1 为 OFF 表明料斗中的料物不满，进料阀开启进料，料斗上口下料指示灯亮 Y003 有输出，若料位传感器 S1 为 ON 表明料斗中的料物满，料斗满指示灯亮，Y002 有输出。梯形图如图 2-8-8 所示。

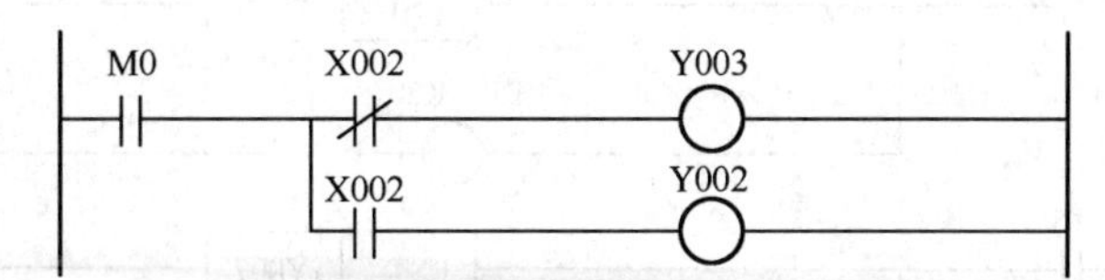

图 2-8-8　自动配料系统的 PLC 控制梯形图之三

系统起动状态下，车到位后，行程开关 SQ1 置为 ON，X003 有输入，常开触点闭合，首先让电动机 M4 运行，2s 后电动机 M3 运行，依次起动电动机 M2 和 M1，时间间隔都是 2s，梯形图如图 2-8-9 所示。

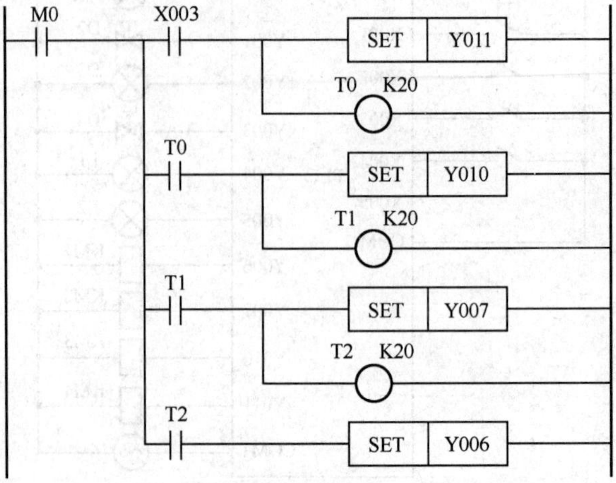

图 2-8-9　自动配料系统的 PLC 控制梯形图之四

4 个电动机起动后过 2s 料斗打开出料阀 Y001 有输出，物料经过料斗出料。车装满时，行程开关 SQ2 为 ON，料斗关闭停止出料，Y001 没有输出同时车装满指示灯 Y000 有输出。梯形图如图 2-8-10 所示。

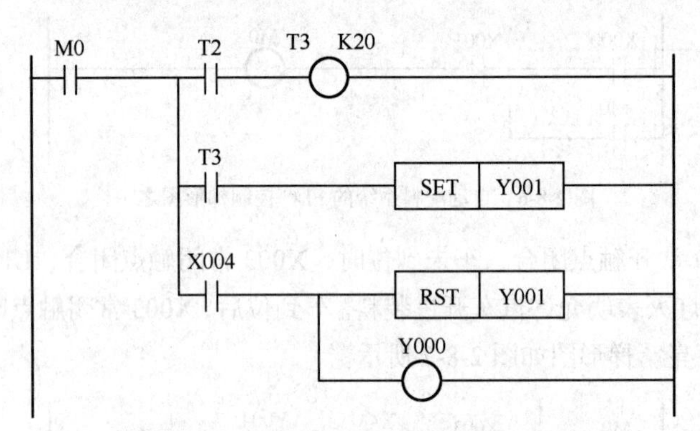

图 2-8-10　自动配料系统的 PLC 控制梯形图之五

2s 后电动机 M1 停止，M1 停止 2s 后电动机 M2 停止，再过 2s 电动机 M3 停止，再过 2s 电动机 M4 最后停止。同时 L2 灯灭，L1 灯亮表明车开走。梯形图如图 2-8-11 所示。

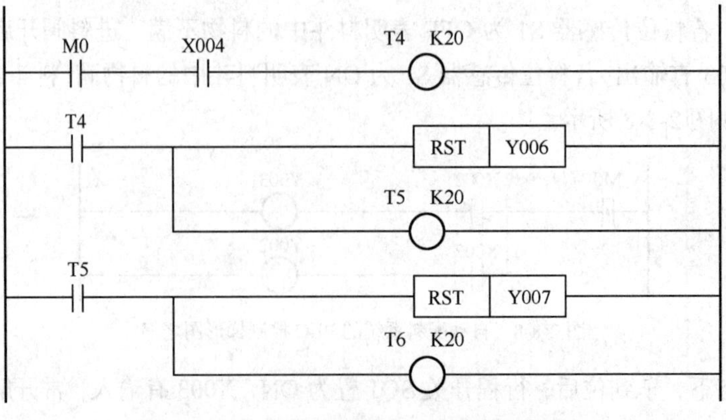

图 2-8-11　自动配料系统的 PLC 控制梯形图之六

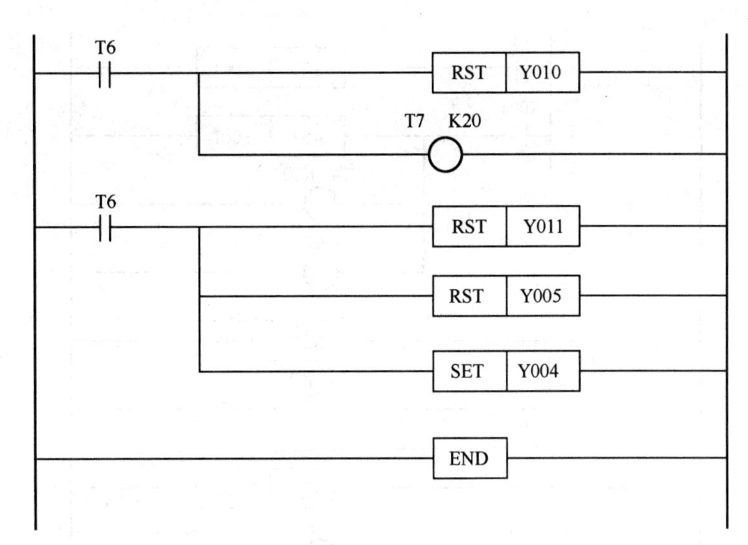

图 2-8-11　自动配料系统的 PLC 控制梯形图之六（续）

3. PLC 综合梯形图指令

自动配料系统的 PLC 控制综合梯形图如图 2-8-12 所示。

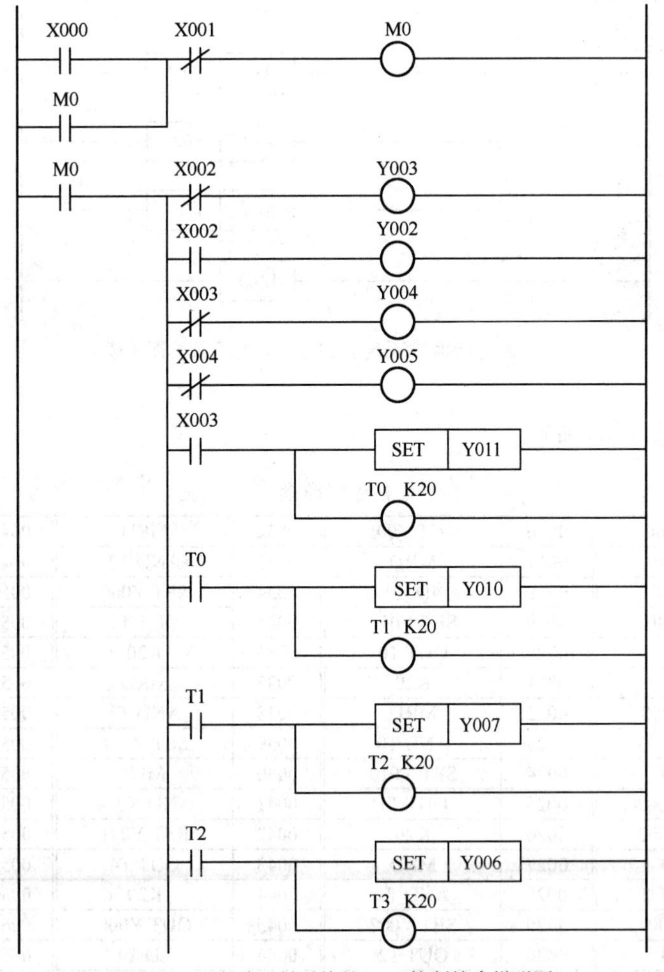

图 2-8-12　自动配料系统的 PLC 控制综合梯形图

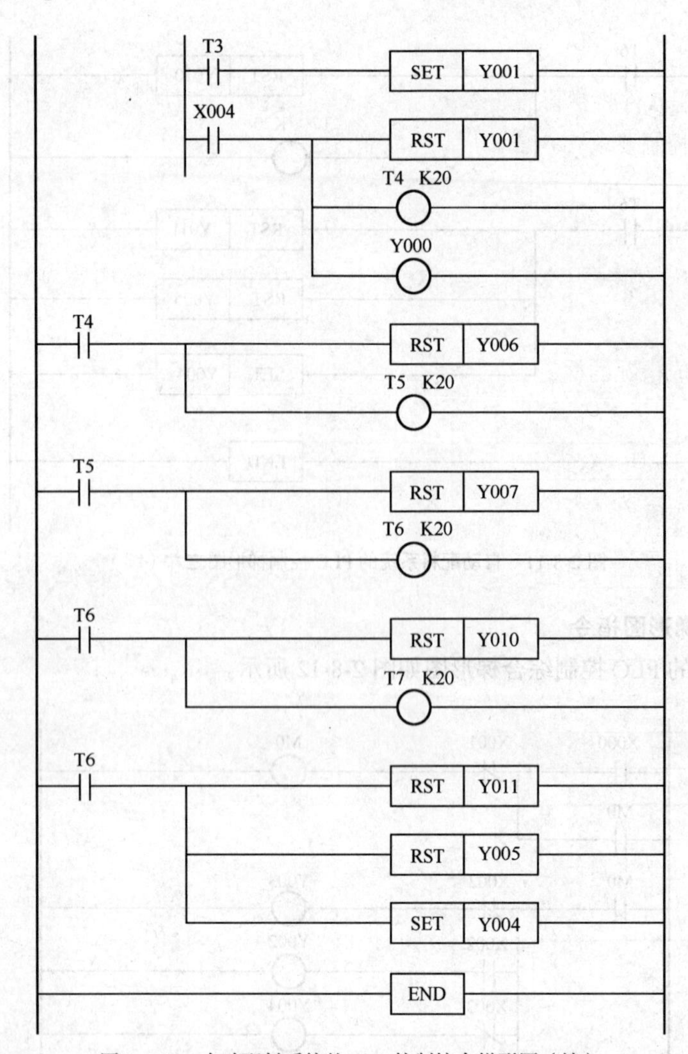

图 2-8-12　自动配料系统的 PLC 控制综合梯形图（续）

4. 指令语句表

指令语句表如表 2-8-2 所示。

表 2-8-2　　　　　　　　指令对照表

0000	LD X000	0016	OUT Y005	0032	MRD	0048	OUT T5
0001	OR M0	0017	MRD	0033	AND T2	0049	K20
0002	ANI X001	0018	AND X003	0034	SET Y006	0050	LD T5
0003	OUT M0	0019	SET Y011	0035	OUT T3	0051	RST Y007
0004	LD M0	0020	OUT T0	0036	K20	0052	OUT T6
0005	MPS	0021	K20	0037	MRD	0053	K20
0006	ANI X002	0022	MRD	0038	AND T3	0054	LD T6
0007	OUT Y003	0023	AND T0	0039	SET Y001	0055	RST Y010
0008	MRD	0024	SET Y010	0040	MPP	0056	OUT T7
0009	AND X002	0025	OUT T1	0041	AND X004	0057	K20
0010	OUT Y002	0026	K20	0042	RST Y001	0058	LD T7
0011	MRD	0027	MRD	0043	OUT T4	0059	RST Y011
0012	ANI X003	0028	AND T1	0044	K20	0060	RST Y005
0013	OUT Y004	0029	SET Y007	0045	OUT Y000	0061	SET Y004
0014	MRD	0030	OUT T2	0046	LD T4	0062	END
0015	ANI X004	0031	K20	0047	RST Y006		

5. 程序调试

用 FX 系列编程软件将梯形图输入 PLC 后，将 PLC 置于 RUN，运行程序，观察电动机和小车运行情况是否和控制要求相一致，如果一致则表明程序正确。

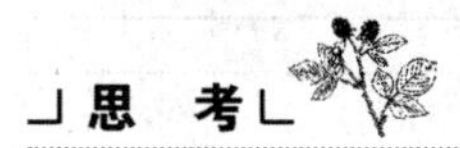

思 考

如果不用 MPS、MRD、MPP 指令，那么梯形图应该如何改?

◆ 检测评分

将学生任务完成情况的检测与评价填入表 2-8-3 中。

表 2-8-3 **评分表**

序号	考 核 项 目	评 定 原 则	分值	得分
1	安全文明	① 安全操作 ② 设备维护保养	10 分	
2	PLC 外部接线图	输入输出点数尽量最少	10 分	
3	PLC 梯形图	① 梯形图能实现相应控制功能 ② 格式要正确	35 分	
4	PLC 相应指令	① 能将梯形图转化成指令程序 ② 格式要正确	35 分	
5	规范操作	按要求操作	10 分	
总分			100 分	

◆ 任务反馈

任务完成后，让学生自己做个总结，将完成情况填入表 2-8-4 中。

表 2-8-4 **任务反馈表**

误 差 项 目	产 生 原 因	修 正 措 施
□系统不能起动 □料斗满但是不出料 □四个电动机同时起动 □四个电动机同时停止 □系统不能停止	□按钮有问题 □导线连接错误 □梯形图编写错误 □梯形图或指令输入错误	

➤ 拓展训练

写出图 2-8-13 所示梯形图的指令。

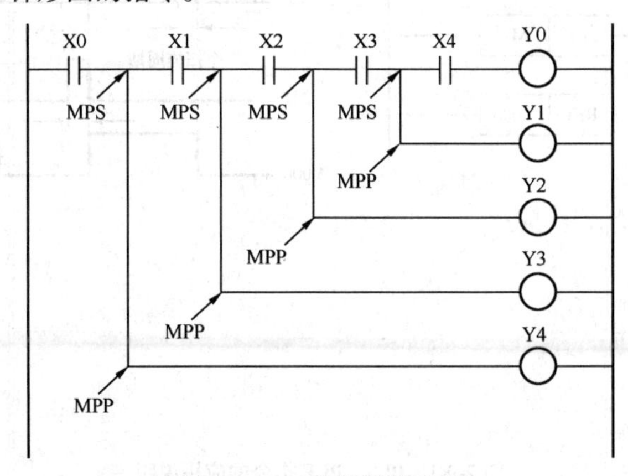

图 2-8-13 拓展训练梯形图

任务九　液体混合装置的 PLC 控制

任务描述

液体混合装置可以自动将两种液体混合，SL1、SL2、SL3 为液面传感器，液体 A、B 阀门与混合液体阀门分别由电磁阀 YV1、YV2、YV3 控制，M 为搅匀电动机。装置投入运行时，按下起动按钮 SB1，液体 A 阀门打开，液体 A 流入容器。当液面到达 SL2 时，SL2 接通，关闭液体 A 阀门，打开液体 B 阀门，液面到达 SL1 时，关闭液体 B 阀门，搅匀电动机开始搅匀，搅匀电动机工作 6s 后停止搅动，混合液体阀门打开，开始放出混合液体，当液面下降到 SL3 时，SL3 由接通变为断开，再过 2s 后，容器放空，混合液体阀门关闭，开始下一个周期。按下停止按钮 SB2 后，在当前的混合液体操作处理完毕后才停止操作。

技能目标

- 掌握 PLC 控制液体混合装置的方法。
- 掌握 PLS 指令的编程方法。

知识准备

脉冲指令(PLS、PLF)

PLS(PULSE)：脉冲上微分指令,在输入信号的上升沿产生脉冲输出。

PLF(PULSE)：脉冲下微分指令,在输入信号的下降沿产生脉冲输出。

PLS、PLF 指令都占两个程序步。

使用 PLS 指令时,元件 Y、M 仅在驱动输入触点闭合的一个扫描周期内动作，而使用 PLF 指令，元件 Y、M 仅在驱动输入触点断开后的一个扫描周期内动作。编程方法如图 2-9-1 所示。

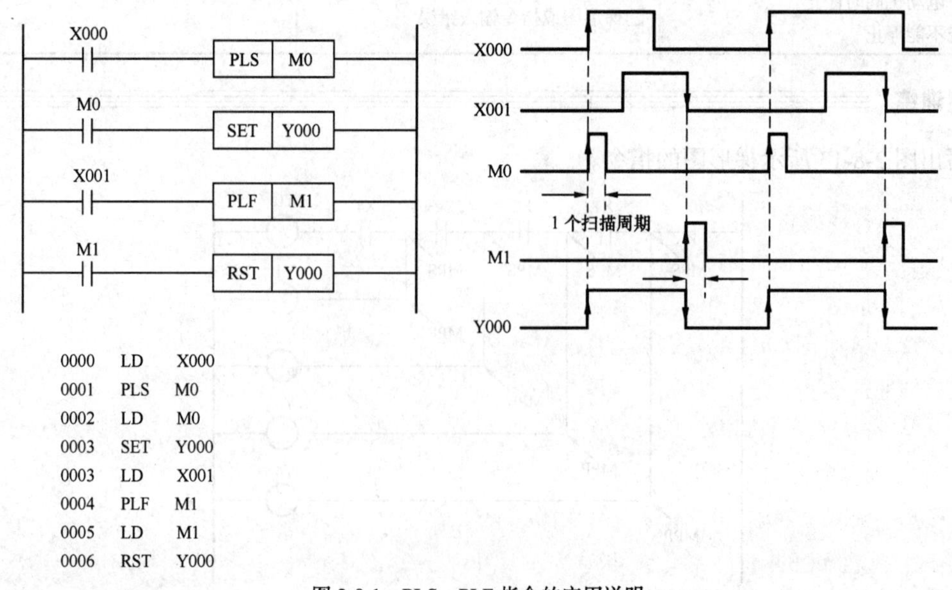
X000
PLS
M0
M0
SET
Y000
X001
PLF
M1
M1
RST
Y000
0000 LD X000
0001 PLS M0
0002 LD M0
0003 SET Y000
0003 LD X001
0004 PLF M1
0005 LD M1
0006 RST Y000
X000
X001
M0
1 个扫描周期
M1
Y000

图 2-9-1　PLS、PLF 指令的应用说明

当 X000 常开触点由断开到闭合变化时，辅助继电器 M0 的常开触点闭合一个扫描周期的时间，Y000 置位，当 X001 常开触点由闭合到断开变化时，辅助继电器 M1 常开触点闭合一个扫描周期的时间，Y000 复位。

任务实施

◆ 实际操作

1. PLC 的 I/O 接线图

I/O 地址分配如表 2-9-1 所示。

表 2-9-1　PLC 控制液体混合装置的 I/O 地址分配表

输入设备	起动按钮 SB1	X000
	停止按钮 SB2	X001
	液面传感器 SL1	X002
	液面传感器 SL2	X003
	液面传感器 SL3	X004
输出设备	液体 A 阀门 YV1	Y000
	液体 B 阀门 YV2	Y001
	混合液体阀门 YV3	Y002
	搅匀电动机接触器 KM	Y003

分配好 I/O 信号后可以得到 PLC 的 I/O 接线图如图 2-9-2 所示。

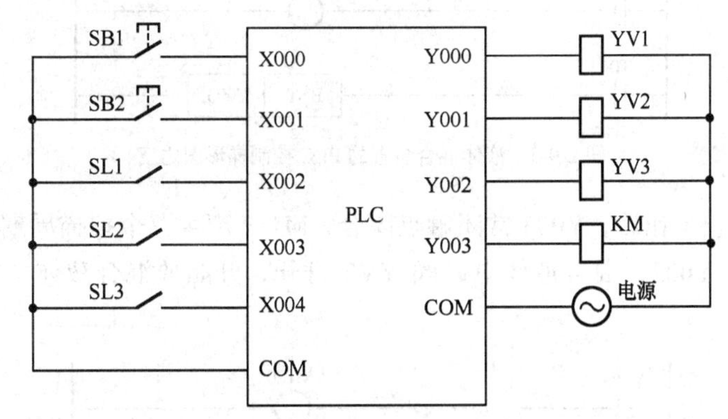

图 2-9-2　液体混合装置的 PLC 接线图

2. PLC 程序设计

装置投入运行后按下起动按钮 SB1，辅助继电器 M100 产生一个扫描周期的起动脉冲，M100 常开触点闭合，置位 Y000，使 Y000 保持接通，液体 A 的电磁阀 YV1 被打开，当液面上升到 SL2 位置时，SL2 接通，X003 的常开触点闭合，M103 产生一个扫描周期的脉冲，M103 常开触点接通一个扫描周期的时间，复位 Y000，关闭 YV1 电磁阀，液体 A 停止流入，梯形图如图 2-9-3 所示。

液体 A 停止流入的同时，M103 常开触点使 Y001 置位，打开电磁阀 YV2，液体 B 流入，当液面上升到 SL1 时，SL1 接通，X002 常开触点闭合，M102 产生一个扫描周期的脉冲，M102 常开触点闭合，复位 Y001，电磁阀 YV2 关闭，液体 B 停止流入，梯形图如图 2-9-4 所示。

液体 B 停止流入的同时，置位 Y003，驱动搅匀电动机，搅匀电动机开始工作，Y003 常开触点闭合接通定时器 T0，6s 后，T0 常开触点闭合，复位 Y003，搅匀电动机停止工作。梯形图如图 2-9-5 所示。

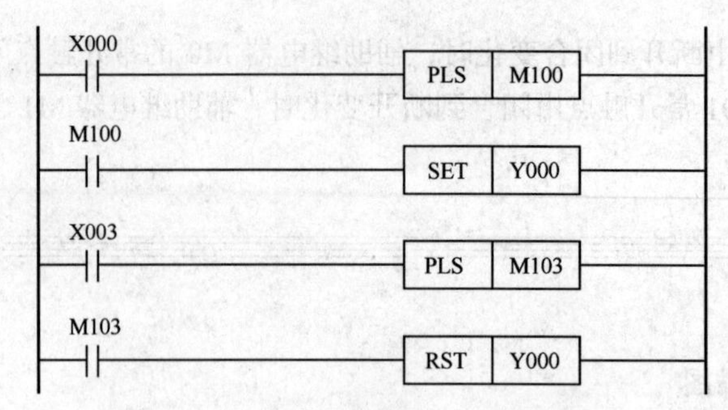

图 2-9-3 液体混合装置的 PLC 控制梯形图之一

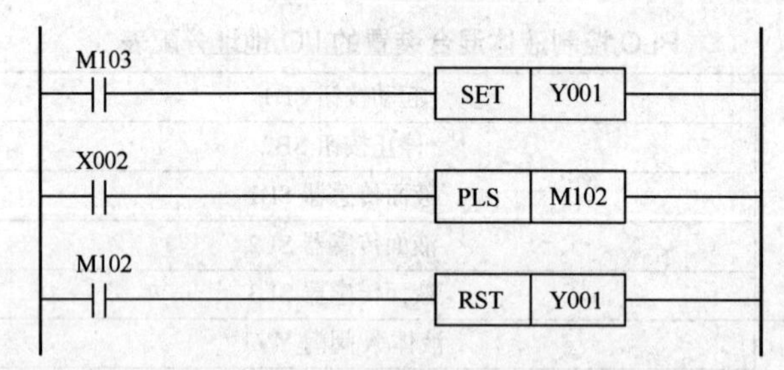

图 2-9-4 液体混合装置的 PLC 控制梯形图之二

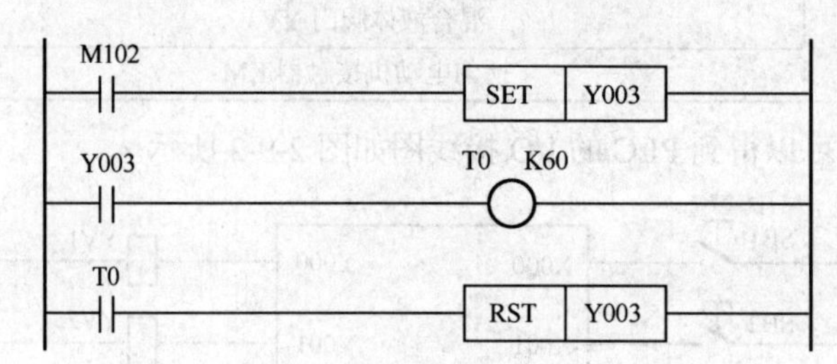

图 2-9-5 液体混合装置的 PLC 控制梯形图之三

搅匀电动机停止工作后，Y003 常闭触点闭合，M112 产生一个扫描周期的脉冲，M112 常开触点闭合，置位 Y002，混合液体电磁阀 YV3 打开，开始放混合液体。梯形图如图 2-9-6 所示。

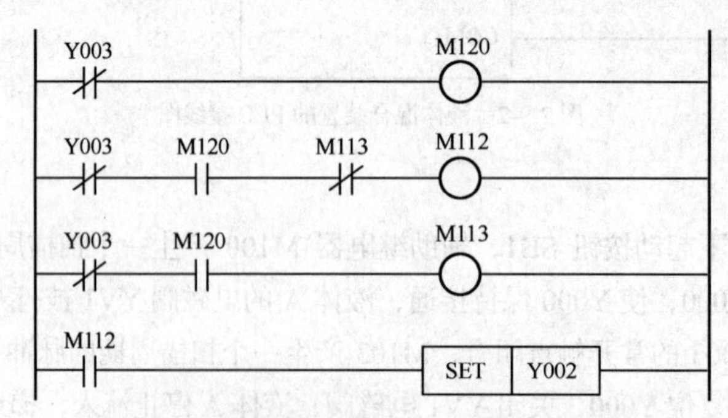

图 2-9-6 液体混合装置的 PLC 控制梯形图之四

液面下降到 SL3 时，液面传感器 SL3 由接通变为断开，X004 常闭触点闭合，使 M110 产生一个扫描周期的脉冲，M110 常开触点闭合，置位 M201，M201 常开触点闭合，接通定时器 T1，2s 后 T1 常开触点闭合，复位 M201 同时复位 Y002，混合液电磁阀 YV3 关闭。梯形图如图 2-9-7 所示。

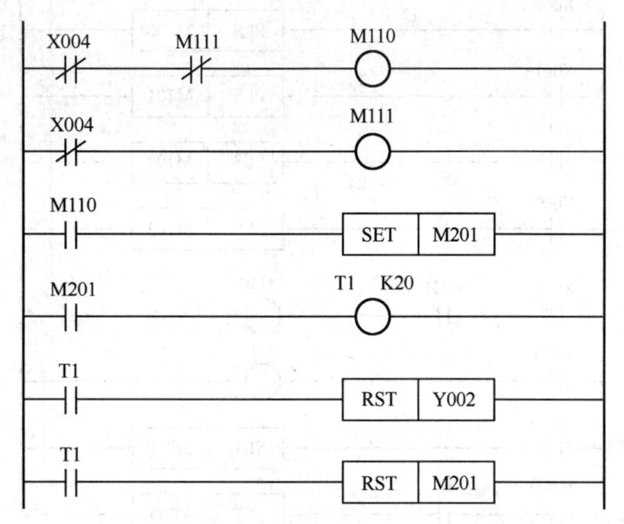

图 2-9-7 液体混合装置的 PLC 控制梯形图之五

起动按钮闭合时 M100 产生一个扫描周期的脉冲，M100 闭合后置位 M200，T1 的常开触点闭合复位 Y002 的同时置位 Y000，进入下一个循环。梯形图如图 2-9-8 所示。

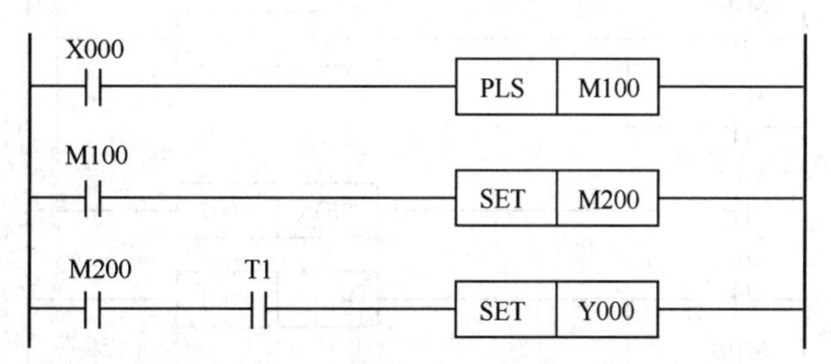

图 2-9-8 液体混合装置的 PLC 控制梯形图之六

按下停止按钮 SB2，X001 的常开触点接通，M101 产生停止脉冲，M101 常开触点闭合让 Y000、Y001、Y002、Y003 复位，同时让 M200 复位，M200 常开触点断开，在当前的混合操作处理完毕后，使 Y000 不能再接通，即停止操作。梯形图如图 2-9-9 所示。

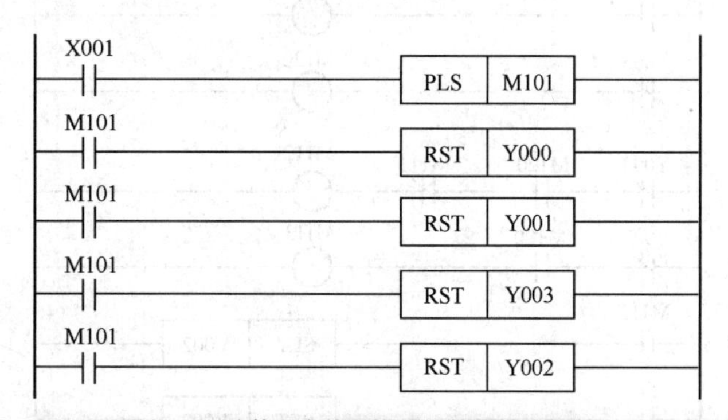

图 2-9-9 液体混合装置的 PLC 控制梯形图之七

3. PLC 综合梯形图指令

液体混合装置的 PLC 控制综合梯形图如图 2-9-10 所示。

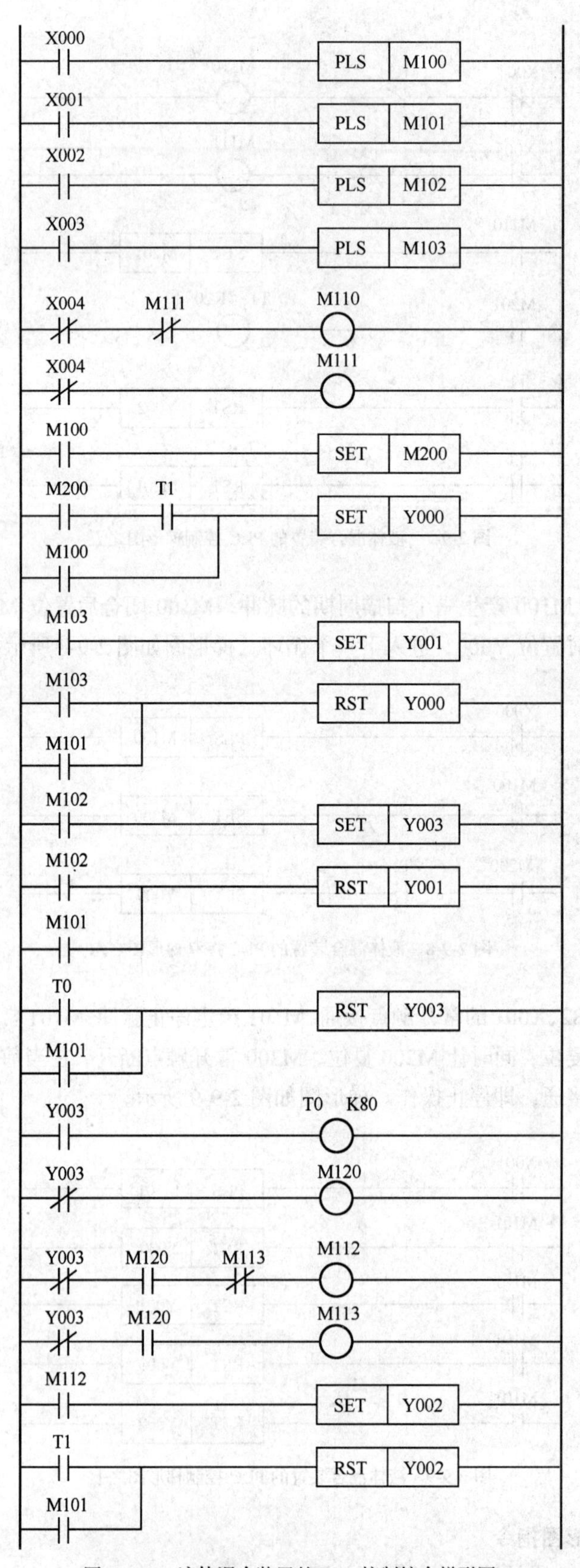

图 2-9-10　液体混合装置的 PLC 控制综合梯形图

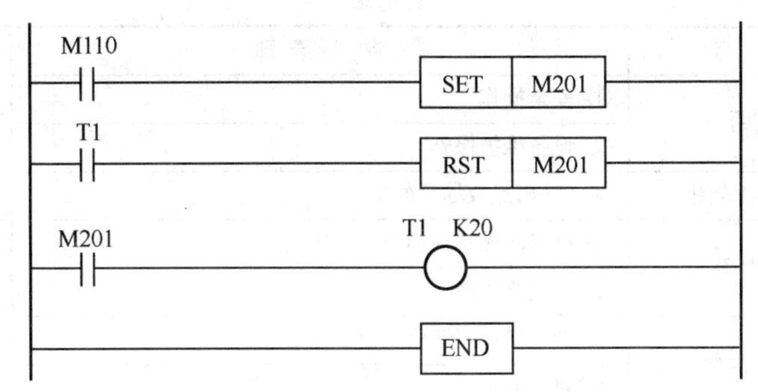

图 2-9-10 液体混合装置的 PLC 控制综合梯形图（续）

4. 指令语句表

指令语句表如表 2-9-2 所示。

表 2-9-2 指令对照表

0000	LD X000	0015	LD M200	0030	OR M101	0045	SET Y002
0001	PLS M100	0016	AND T1	0031	RST Y003	0046	LD T1
0002	LD X001	0017	OR M100	0032	LD Y003	0047	OR M101
0003	PLS M101	0018	SET Y000	0033	OUT T0	0048	RST Y002
0004	LD X002	0019	LD M103	0034	K60	0049	LD M110
0005	PLS M102	0020	SET Y001	0035	LDI Y003	0050	SET M201
0006	LD X003	0021	LD M103	0036	OUT M120	0051	LD T1
0007	PLS M103	0022	OR M101	0037	LDI Y003	0052	RST M201
0008	LDI X004	0023	RST Y000	0038	AND M120	0053	LD M201
0009	ANI M111	0024	LD M102	0039	ANI M113	0054	OUT T1
0010	OUT M110	0025	SET Y003	0040	OUT M112	0055	K20
0011	LDI X004	0026	LD M102	0041	LDI Y003	0056	END
0012	OUT M111	0027	OR M101	0042	AND M120	0057	
0013	LD M100	0028	RST Y001	0043	OUT M113	0058	
0014	SET M200	0029	LD T0	0044	LD M112	0059	

5. 程序调试

用 FX 系列编程软件将梯形图输入 PLC 后，将 PLC 置于 RUN，运行程序，分别按下起动按钮和停止按钮，观察液体混合装置操作过程是否与控制要求一致，如果操作过程和控制要求一致表明程序正确，保存程序。如果发现液体混合装置操作过程和控制要求不相符，应仔细分析，找出原因，重新修改，直到液体混合装置操作过程和控制要求一致为止。

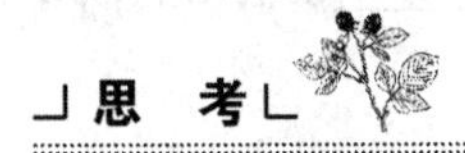

如果每个动作都加上相应的指示灯，梯形图或接线图应该如何修改？

◆ **检测评分**

将学生任务完成情况的检测与评价填入表 2-9-3 中。

表 2-9-3　　评分表

序号	考核项目	评定原则	分值	得分
1	安全文明	① 安全操作 ② 设备维护保养	10 分	
2	PLC 外部接线图	输入输出点数尽量最少	10 分	
3	PLC 梯形图	① 梯形图能实现相应控制功能 ② 格式要正确	35 分	
4	PLC 相应指令	① 能将梯形图转化成指令程序 ② 格式要正确	35 分	
5	规范操作	按要求操作	10 分	
总分			100 分	

◆ **任务反馈**

任务完成后，让学生自己总结，将完成情况填入表 2-9-4 中。

表 2-9-4　　任务反馈表

误差项目	产生原因	修正措施
□系统不起动 □液体不流入 □搅拌电动机步运行 □系统停止没有放完液体	□按钮有问题 □导线连接错误 □梯形图编写错误 □梯形图或指令输入错误	

拓展训练

设计二分频电路，要求：用脉冲指令。

思考与练习

一、填空题

1. 选择 PLC 型号时，需要估算________的点数，并据此估算出程序的存储容量，是系统设计的重要环节。

2. 主控触点指令________与堆栈指令________一样，起到简化程序的作用。

3. M8002 有________功能。

4. ________是 PLC 的主要特点。

5. 被置位的点一旦置位后，在执行________指令前不会变为 OFF，具有锁存功能。

6. FX_{2N}-64MT 是 FX_{2N} 系列的 PLC，64 表示其具有________个输入点________个输出点，M 表示________ T 表示________。

7. FX_{2N} 系列 PLC 中，16 位除法指令是________。

二、简答题

1. PLC 的外部结构有哪些？说明 FX2N-48MR 型号中 48、M、R 的意义。

2. PLC 中输入 X、输出 Y 软继电器有哪些特点？

三、由指令表画梯形图。

1. LDI X0
   OR X1
   OUT Y0
   LDI X2
   OR X3
   OR X4
   ANI Y0
   OUT Y1
   LD X0
   AND X1
   OR X2
   ANI X5
   OUT Y3
   END
2. LD X0
   ANI X1
   LD X3
   ORI X4
   AND X5
   ORB
   OUT Y0
   END

四、把如题图 2-1、题图 2-2 所示梯形图转换为指令表。

1.

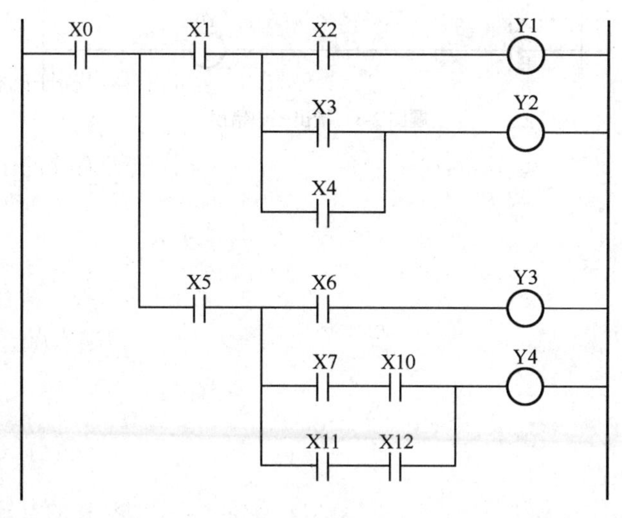

题图 2-1 梯形图一

2.

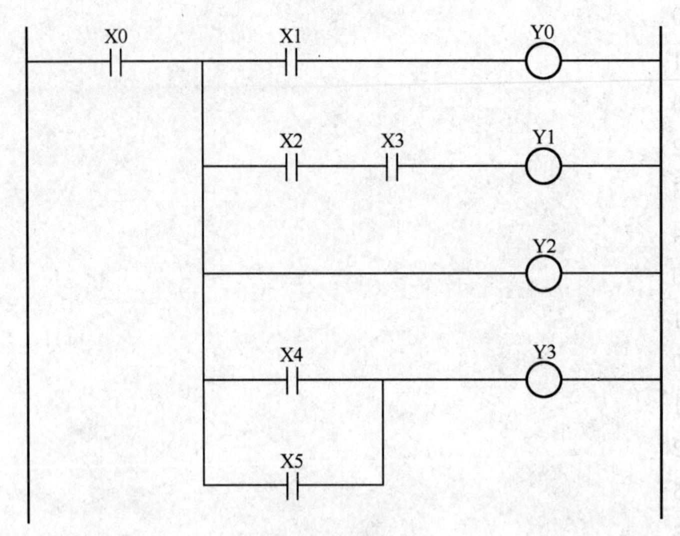

题图 2-2 梯形图二

五、指出题图 2-3 中的错误。

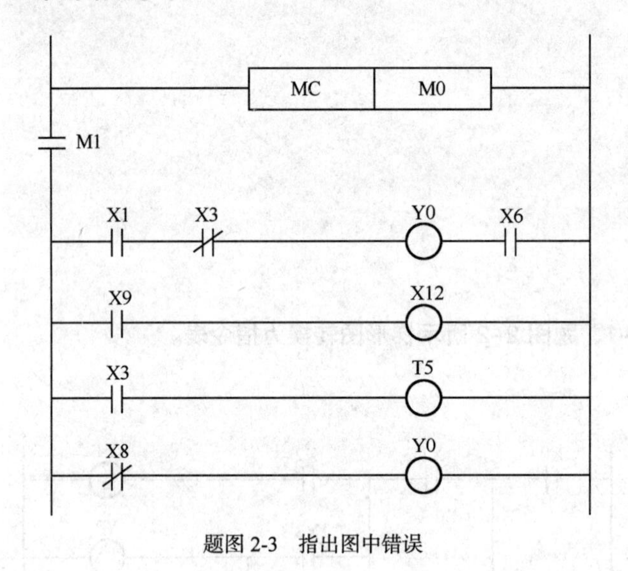

题图 2-3 指出图中错误

项目三

步进指令模块

在工业控制中，除了过程控制系统外，大部分的控制系统属于顺序控制系统。所谓顺序控制系统，是指按照生产工艺预先规定的顺序，在各个输入信号的作用下，根据内部状态和时间的顺序，控制生产过程中的各个执行机构自动有序地进行操作的过程。对于一个复杂的顺序控制系统，用一般逻辑指令进行设计，有时显得很困难，即使编出程序，其梯形图往往长达数百行，指令语句的可读性很差，指令修改也不方便。

为此在本项目的学习中，除了项目二介绍的基本指令外，又增加了两条步进指令，详细介绍可编程序控制器步进指令的编程方法，最终使学生能够熟练使用步进指令进行编程设计。

任务一 LED 数码管的 PLC 控制

任务描述

开关闭合后，LED 数码显示的规律是 A→B→C→D→E→F→G→H→A→B→C……时间间隔是 3s，每隔 3s 数码管显示一段，任何时候开关断开后，整个过程都要进行到底，最后停在初始步，所有灯都灭。

技能目标

- 掌握 PLC 控制 LED 数码显示按要求的规律变化。
- 掌握步进指令 STL、RET、ZRST 的编程方法。
- 掌握状态继电器 S 的功能。

知识准备

在顺序控制系统中，一个工作过程分成若干步，每步都有特定的工作要求，我们可以把每一步叫做一个工作状态，每一个工作状态可以用一个状态继电器来表示，状态与状态之间有转移条件，相邻的状态具有不同的动作，当相邻两状态之间的转移条件满足时，就可以由上一个状态的动作转移到下一个状态的动作，而上一个状态的动作自动停止，这样就形成了状态转移图。状态转移图是用状态描述工艺流程图，也称为功能图。

一、状态转移图的组成

状态转移图是一种用于描述顺序控制系统的编程语言，其主要由步、转移条件及有向线段 3 部分组成。

1．步

状态转移图中的“步”是指控制过程中的一个特定的状态。步又可以分为初始步和工作步，在每一步中都要完成一个或多个特定的工作状态。初始步表示一个控制系统的初始状态，所以，一个控制系统必须有一个初始步，初始步可以没有具体的工作状态。在状态转移图中，初始步用双线框表示，而工作步用单线框表示。

2. 转移条件

步与步间用“有向线段”连接，在有向线段上用一个或多个小短线表示一个或多个转移条件。当条件满足时，可以实现由前一步“转移”到后一步。为了确保控制系统严格按照顺序执行，步与步之间必须要有转移条件。

3. 有向线段

连接线框间的带箭头的线段称为有向线段，表示工作状态的转移方向，习惯的方向是从上至下或从左至右，必要时也可以选择其他方向。一般情况下，当系统的控制顺序是从上而下时，可以不标注箭头，但若选择其他方向必须要标注箭头。

二、状态转移图的形式

状态转移图可以分为单一顺序、选择顺序、并发顺序和跳转与循环顺序等 4 种形式，如图 3-1-1 所示。

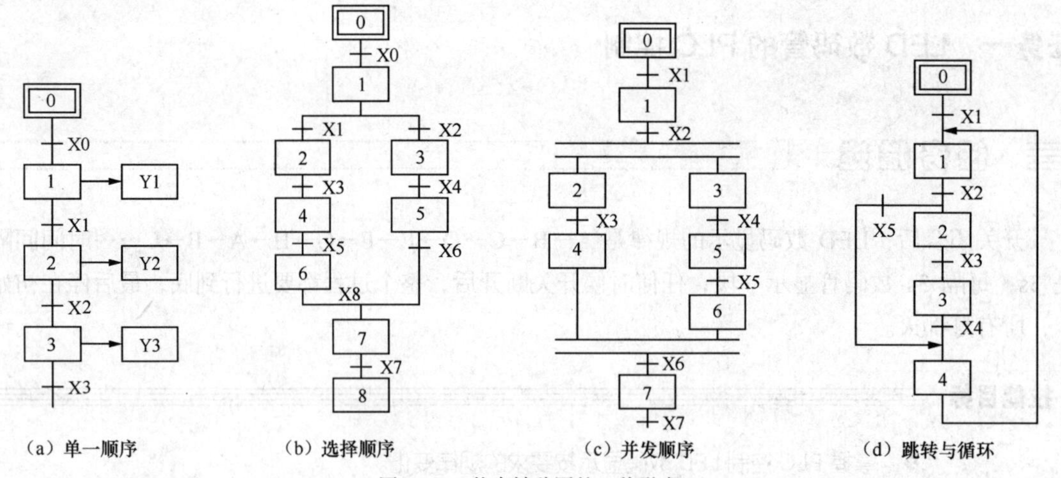

图 3-1-1 状态转移图的 4 种形式

1. 单一顺序

单一顺序所表示的动作顺序是一个接着一个完成，每一步连接着转移条件，转接后面也仅连接一个步，如图 3-1-1（a）所示。

2. 选择顺序

选择顺序是指在一步之后有若干个单一顺序等待选择，而一次仅能选择一个单一顺序。为保证一次仅选择一个顺序即选择的优先权，必须对各转移条件加以约束。选择顺序用单水平线表示，其转移条件应标注在单水平线以内，如图 3-1-1（b）所示。

3. 并发顺序

并发顺序是指在某一转移条件下，同时选择若干个顺序，完成各自相应的动作后，同时转移到并行结束的下一步。并发顺序用双水平线表示，其转移条件应标注在两个双水平线以外，如图 3-1-1（c）所示。

4. 跳转和循环顺序

跳转和循环顺序表示顺序控制跳过某些状态不执行，或重复执行某些状态，在状态转移图中循环顺序用箭头表示，如图 3-1-1（d）所示。

每个状态器有 3 个功能：驱动负载、指定转移目标和指定转移条件。

三、步进功能图与梯形图的转换

1．步进指令

STL（Step Ladder Instruction）——步进节点指令，用于状态器 S 的步进节点与母线的连接。状态器 S 的步进节点只有常开触点的形式，在梯形图中用双线表示其常开触点，FX2 系列 PLC 状态器的编号从 S0～S899，共 900 点。状态器只有在 SET 指令的驱动下其动合触点才能闭合。

RET（Return）——步进返回指令，在步进指令结束时使用。

2．步进指令使用注意

在梯形图中只要碰到步进节点就用步进指令 STL，在使用 STL 指令后，相当于生成一条新母线，其后应使用 LD、LDI、OUT 等指令。凡是以步进节点为主体的程序，最后必须使用 RET 指令，以表示步进指令功能结束，终结新母线而返回原来的母线。

采用步进指令进行程序设计时，首先要设计系统的状态转移图，然后再将状态转移图转换成梯形图，最后写出相应的指令语句。在将状态转移图转换成梯形图时，首先要特别注意初始步的进入条件，初始步可由其他状态器驱动，但是最开始运行时，初始状态处必须用其他方法预先驱动，使之处于工作状态。初始步由 PLC 起动运行使特殊辅助继电器 M8002 接通，从而使状态器 S0 置 1。初始步一般通过系统的结束步控制进入，以实现顺序控制系统连续循环动作的要求，步进指令使用中需注意的问题如下。

① STL 接点接通时，在其后的电路才能动作，若断开，则其后的电路皆不能动作，即 STL 具有主控功能，但 STL 接点后不能使用 MC/MCR 指令。

② STL 和 RET 要求配合使用，这是一对步进（开始和结束）指令，在一系列步进指令 STL 后，加上 RET 指令，表明步进功能结束。步进功能图、梯形图和指令的用法如图 3-1-2 所示。

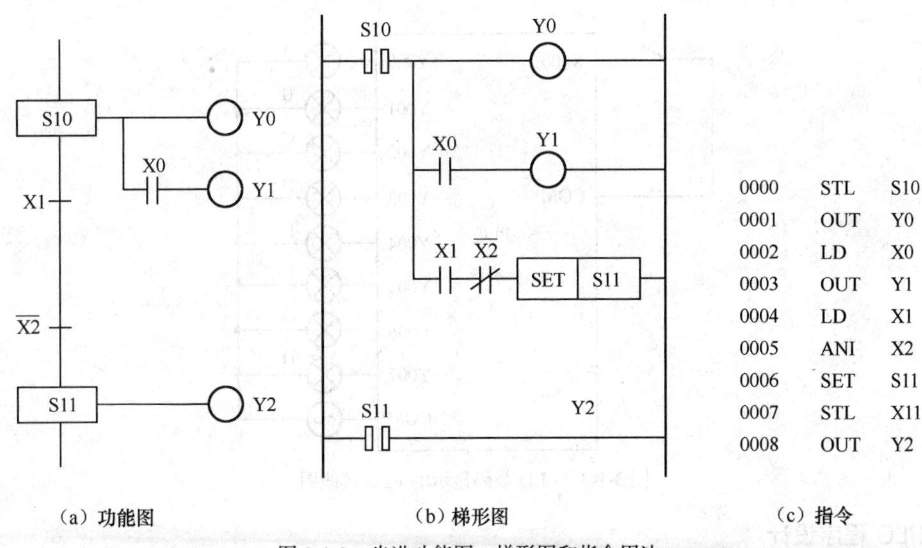

图 3-1-2　步进功能图、梯形图和指令用法

图 3-1-2 中 S10 被置位时，输出 Y0，如果此时 X0 有输入，可以输出 Y1，如果 X1 有输入且 X2 没有输入，就会置位 S11，同时 S10 复位，此时 Y2 有输出。

③ 步进继电器在使用 SET 指令时对状态器 S 才有效，如果状态器 S 不使用步进指令，则可以作为一般辅助继电器使用，对其采用 LD、LDI、AND 等指令编程。作为一般辅助继电器使用时，功能和 M 一样，并且状态器编号不变，但在梯形图中触点以单线触点的形式表示。

④ STL 指令完成的是步进功能，所以当使用 STL 指令使新的状态置位时，前一状态便自动复位，因此在 STL 触点的电路中允许使用双线圈输出。只要不是相邻的步进，也可以重复使用同一地址编号的定时器。

⑤ STL 指令在同一程序中对同一状态器只能使用一次，说明控制过程中同一状态只能出现一次。

任务实施

◆ 实际操作

1. PLC 的 I/O 接线图

根据任务描述可知，PLC 的输入设备用一个开关 X000，输出设备用 Y000～Y007 驱动八段数码显示管。

I/O 地址分配如表 3-1-1 所示。

表 3-1-1　LED 数码显示的 PLC 控制 I/O 地址分配表

输入设备	开关	X000
输出设备	A	Y000
	B	Y001
	C	Y002
	D	Y003
	E	Y004
	F	Y005
	G	Y006
	H	Y007

分配好 I/O 信号后可以得到 PLC 的 I/O 接线图如图 3-1-3 所示。

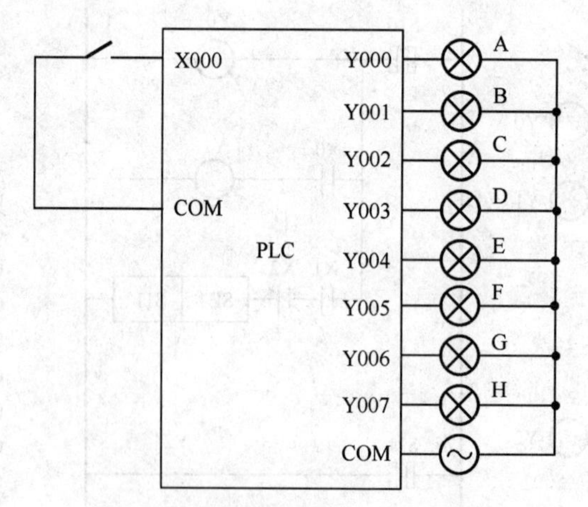

图 3-1-3　LED 数码显示的 PLC 接线图

2. PLC 程序设计

LED 的工作循环过程分为 A、B、C、D、E、F、G、H 等 8 个工作步，每步都有一个输出继电器有输出去驱动 LED 数码显示管，步与步之间的转换条件用定时器来决定，功能图如图 3-1-4 所示。

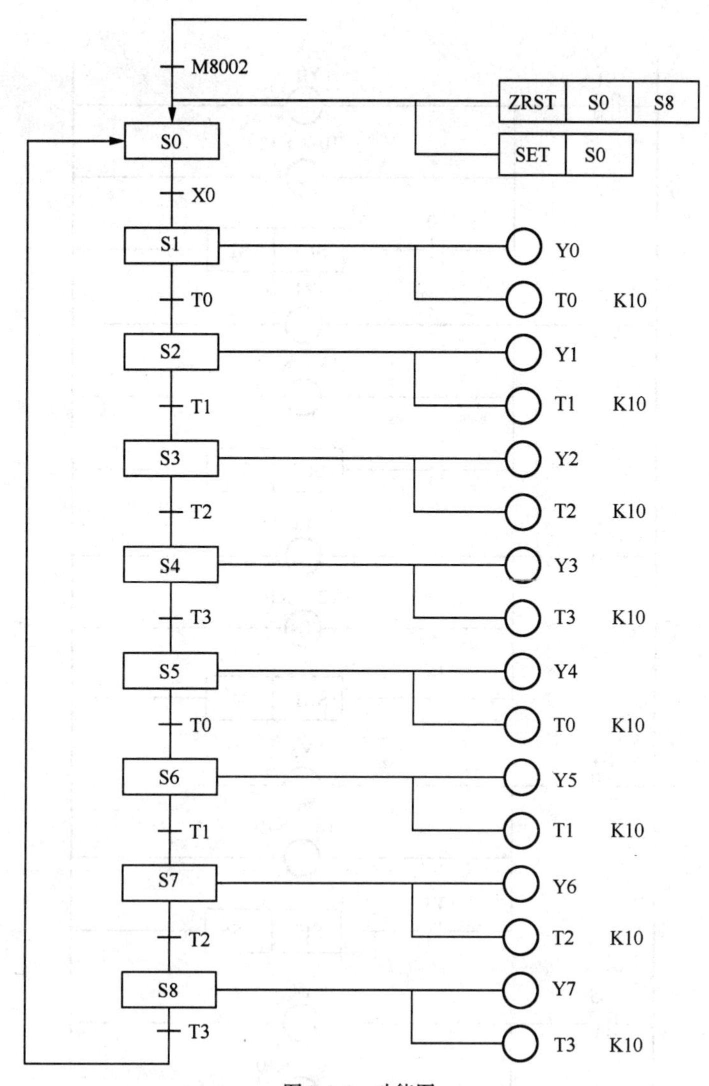

图 3-1-4 功能图

PLC 运行后 M8002 自动产生初始化脉冲信号，首先将 S0～S8 复位，然后置位 S0，打开开关后由 S0 状态转移到 S1 状态，同时复位 S0 状态，在 S1 状态下输出 Y000，LED 显示 A 段同时定时器 T0 开始计时，1s 后 T0 常开触点闭合，由 S1 状态转移到 S2 状态，同时复位 S1 状态，在 S2 状态输出 Y001，LED 显示 B 段同时定时器 T1 开始计时，再过 1s，由 S2 状态转移到 S3 状态，同理再由 S3 状态转移到 S4 状态，直到 S8 状态时再过 1s 后转移到 S0 状态开始下一个循环。

将功能图转换为梯形图和指令，如图 3-1-5 和表 3-1-2 所示。

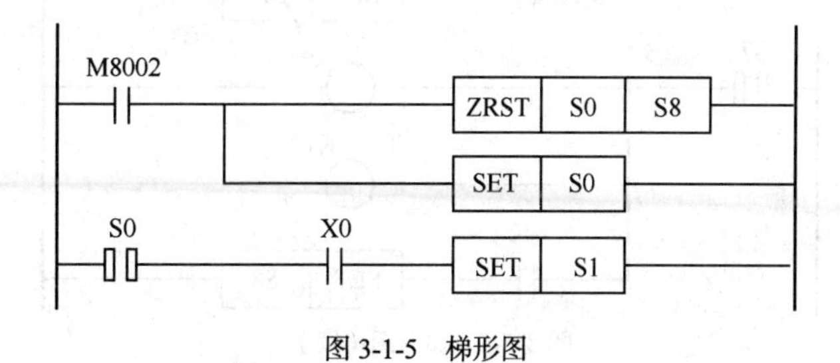

图 3-1-5 梯形图

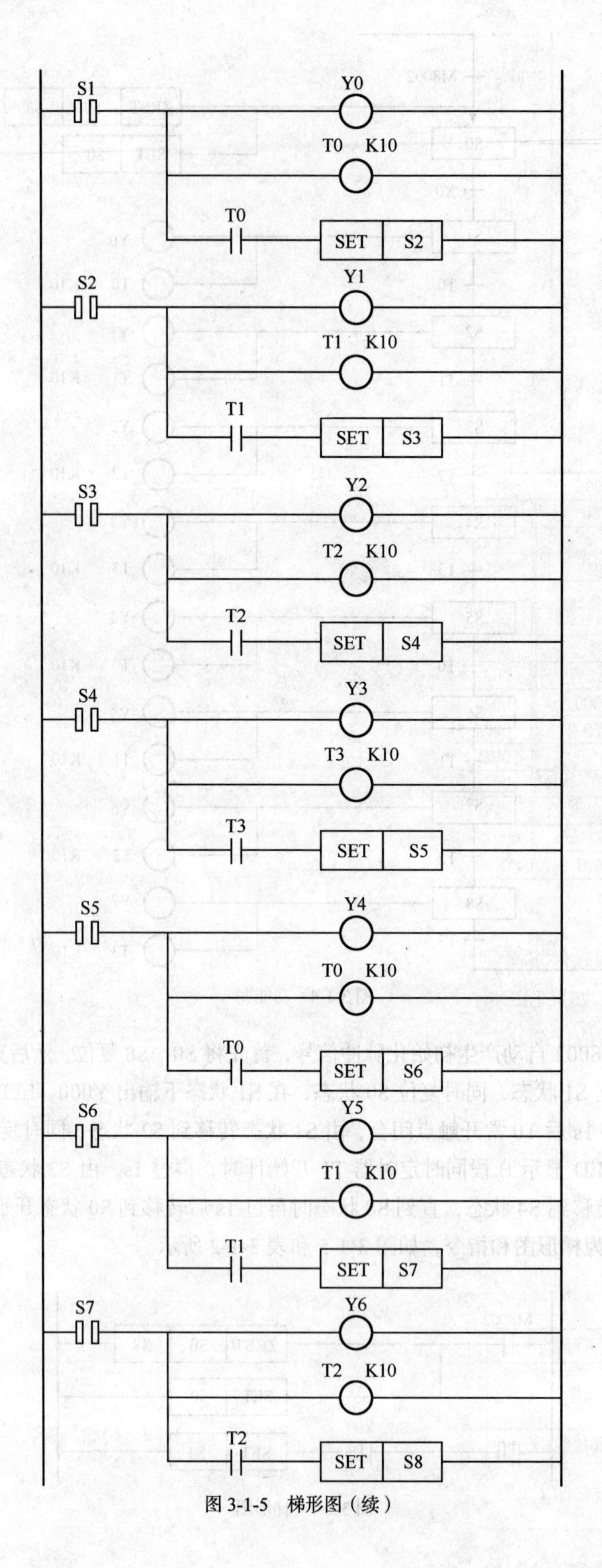
S1
Y0
T0 K10
T0
SET S2
S2
Y1
T1 K10
T1
SET S3
S3
Y2
T2 K10
T2
SET S4
S4
Y3
T3 K10
T3
SET S5
S5
Y4
T0 K10
T0
SET S6
S6
Y5
T1 K10
T1
SET S7
S7
Y6
T2 K10
T2
SET S8
图 3-1-5 梯形图（续）

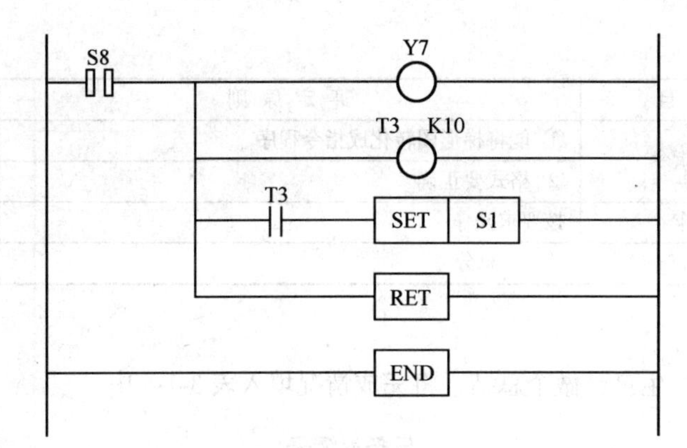

图 3-1-5 梯形图（续）

表 3-1-2 指令对照表

0000	LD M8002	0015	OUT T1	0030	SET S5	0045	OUT T2
0001	ZRST S0	0016	K10	0031	STL S5	0046	K10
0002	S8	0017	LD T1	0032	OUT Y004	0047	LD T2
0003	SET S0	0018	SET S3	0033	OUT T0	0048	SET S8
0004	STL S0	0019	STL S3	0034	K10	0049	STL S8
0005	LD X000	0020	OUT Y002	0035	LD T0	0050	OUT Y007
0006	SET S1	0021	OUT T2	0036	SET S6	0051	OUT T3
0007	STL S1	0022	K10	0037	STL S6	0052	K10
0008	OUT Y000	0023	LD T2	0038	OUT Y005	0053	LD T3
0009	OUT T0	0024	SET S4	0039	OUT T1	0054	SET S1
0010	K10	0025	STL S4	0040	K10	0055	RET
0011	LD T0	0026	OUT Y003	0041	LD T1	0056	END
0012	SET S2	0027	OUT T3	0042	SET S7	0057	
0013	STL S2	0028	K10	0043	STL S7	0058	
0014	OUT Y001	0029	LD T3	0044	OUT Y006		

3. 程序调试

用 FX 系列编程软件将梯形图输入 PLC 后，将 PLC 置于 RUN，运行程序，按下起动按钮，观察 LED 数码显示情况，如果 LED 数码显示情况和要求一致表明程序正确，保存程序。如果 LED 数码显示情况和要求不一致，应仔细分析，找出原因，重新修改，直到 LED 数码显示情况和控制要求一致为止。

思　考

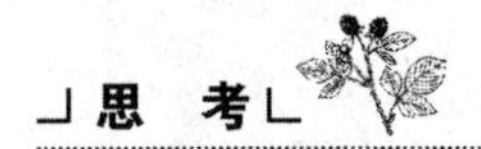

整个控制系统只用两个定时器控制，梯形图怎么改？

◆ 检测评分

将学生任务完成情况的检测与评价填入表 3-1-3 中。

表 3-1-3 评分表

序号	考核项目	评定原则	分值	得分
1	安全文明	① 安全操作 ② 设备维护保养	10 分	
2	PLC 外部接线图	输入输出点数尽量最少	10 分	
3	PLC 梯形图	① 梯形图能实现相应控制功能 ② 格式要正确	35 分	

续表

序号	考 核 项 目	评 定 原 则	分值	得分
4	PLC 相应指令	① 能将梯形图转化成指令程序 ② 格式要正确	35 分	
5	规范操作	按要求操作	10 分	
总分			100 分	

◆ **任务反馈**

任务完成后，让学生自己做个总结，将完成情况填入表 3-1-4 中。

表 3-1-4　　　任务反馈表

误 差 项 目	产 生 原 因	修 正 措 施
□系统起动后灯不亮 □没有显示 B 段数码管 □系统不循环 □系统不停止	□按钮有问题 □导线连接错误 □梯形图编写错误 □梯形图或指令输入错误	

拓展训练

每个工作步都有两个以上的输出继电器有输出，让数码管显示数字 1～4，设计梯形图。

任务二　十字路口交通灯的 PLC 控制

任务描述

开关闭合后，东西和南北的灯变化规律是，红灯亮 10s，然后绿灯亮 4s 闪 3s，黄灯亮 2s，转换为红灯亮 10s 依次循环下去，直到开关断开后显示完一个周期所有灯都灭。

技能目标

- ❖ 掌握 PLC 交通灯按要求的规律变化。
- ❖ 掌握步进指令 STL、RET 的编程方法。
- ❖ 掌握特殊继电器 M8013 的作用。

知识准备

1. M8013 是 1s 时钟脉冲发生器，其常开触点每 1s 闭合一次

2. 并发顺序的 STL 梯形图转换为梯形图、指令的使用方法

如图 3-2-1 所示，X1 是并发顺序的转换条件，当 X1 闭合时，状态 S22 和 S23 同时转换置位，两个分支同时执行各自步进功能，S21 状态自动复位。X2 条件闭合时，状态从 S22 转向 S24，S22 自动复位。X3 条件闭合时，状态从 S23 转向 S25，S23 自动复位。在 S24 和 S25 置位后，若 X4 条件闭合，则 S26 置位，而 S24 和 S25 同时自动复位。连接使用 STL 指令最多允许 8 次，即最多 8 条分支汇合。将功能图转换成梯形图和指令，如图 3-2-1 所示。

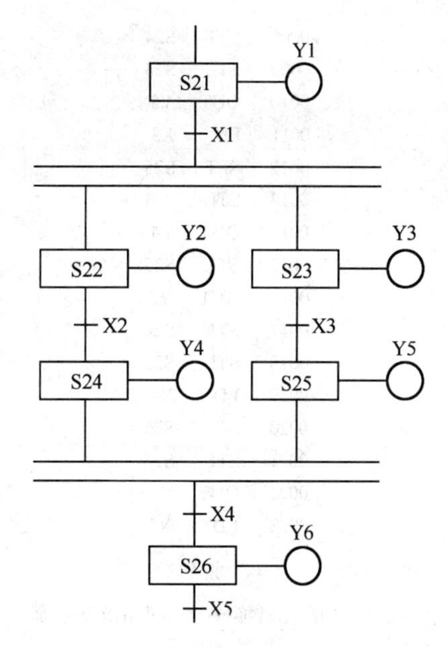

（a）功能图

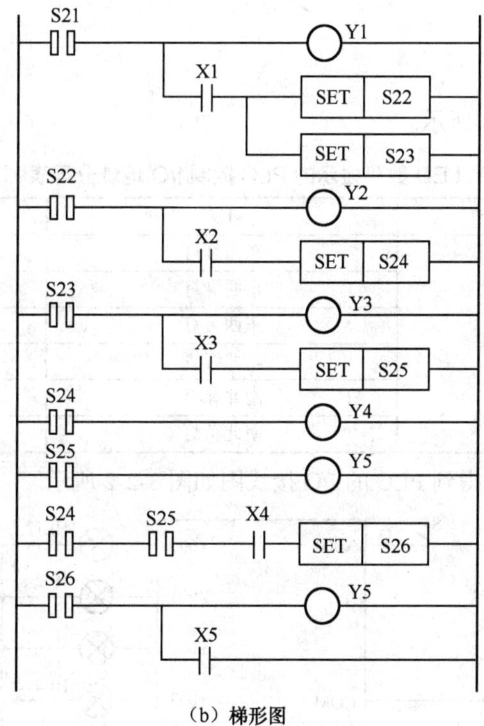

（b）梯形图

0000	STL	S21
0001	OUT	Y1
0002	LD	X1
0003	SET	S22
0004	SET	S23
0005	STL	S22
0006	OUT	Y2
0007	LD	X2

图 3-2-1　功能图转换成梯形图和指令

```
0008    SET    S24
0009    STL    S23
0010    OUT    Y3
0011    LD     X3
0012    SET    S25
0013    STL    S24
0014    OUT    Y4
0015    STL    S25
0016    OUT    Y5
0017    STL    S24
0018    STL    S25
0019    LD     X4
0020    SET    S26
0021    STL    S26
0022    OUT    Y5
0023    LD     X5
```

（c）指令

图 3-2-1　功能图转换成梯形图和指令（续）

任务实施

◆ 实际操作

1. PLC 的 I/O 接线图

I/O 地址分配如表 3-2-1 所示。

表 3-2-1　LED 数码显示的 PLC 控制 I/O 地址分配表

输入设备	开关	X000
输出设备	东西红灯	Y000
	东西绿灯	Y001
	东西黄灯	Y002
	南北红灯	Y005
	南北绿灯	Y003
	南北黄灯	Y004

分配好 I/O 信号后可以得到 PLC 的 I/O 接线图如图 3-2-2 所示。

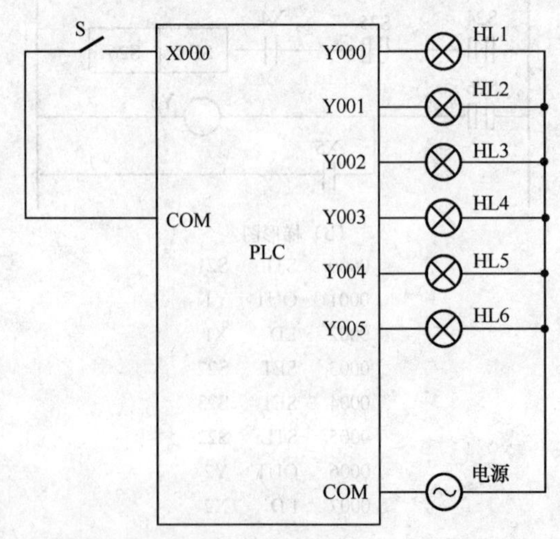

图 3-2-2　十字路口交通灯的 PLC 控制

2. PLC 程序设计

分析十字路口交通灯的控制过程可分成 8 个工作步，功能图如图 3-2-3 所示。

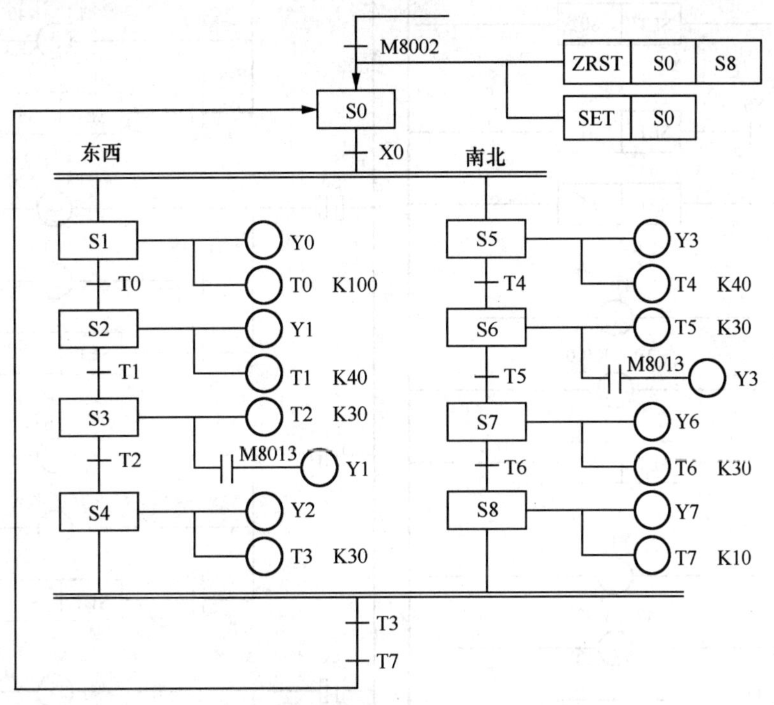

图 3-2-3 十字路口交通灯的功能图

PLC 运行后 M8002 自动产生一个初始化脉冲，M8002 常开触点闭合，复位状态继电器 S0～S8，同时置位 S0，开关闭合后 X000 有输入，X000 常开触点闭合，由 S0 状态同时转移到 S1 状态和 S5 状态，转移后 S0 状态自动复位，两个分支同时进行各自步进功能，在 S1 状态下 Y000 有输出，东西方向的红灯亮，同时定时器 T0 开始计时 10s，10s 后由 S1 状态转移到 S2 状态，S1 状态自动复位，此时 Y001 有输出，东西方向的绿灯亮，同时定时器 T1 开始计时，4s 后 T1 常开触点闭合，由 S2 状态转移到 S3 状态，S2 状态自动复位，Y001 每 1s 输出一次控制东西方向的绿灯闪，同时定时器 T2 开始计时，3s 后由 S3 转台转移到 S4 状态，S3 状态自动复位，Y002 有输出，东西方向的黄灯亮，同时定时器 T3 开始计时。同理南北支路由 S5 状态依次转移到 S8 状态控制南北方向的交通灯，等转移到 S4 状态和 S8 状态且定时器 T3 和定时器 T7 计时时间到时，由 S4 状态和 S8 状态转移到 S0 状态，S4 状态和 S8 状态自动复位。转换成梯形图和指令后如图 3-2-4 和表 3-2-2 所示。

3. 程序调试

用 FX 系列编程软件将梯形图输入 PLC 后，将 PLC 置于 RUN，运行程序，打开开关后观察交通灯亮的规律是否和控制要求一致，如果和控制要求一致表明程序正确，保存程序。如果发现交通灯变化规律和控制要求不相符，应仔细分析，找出原因，重新修改，直到交通灯变化规律和控制要求一致为止。

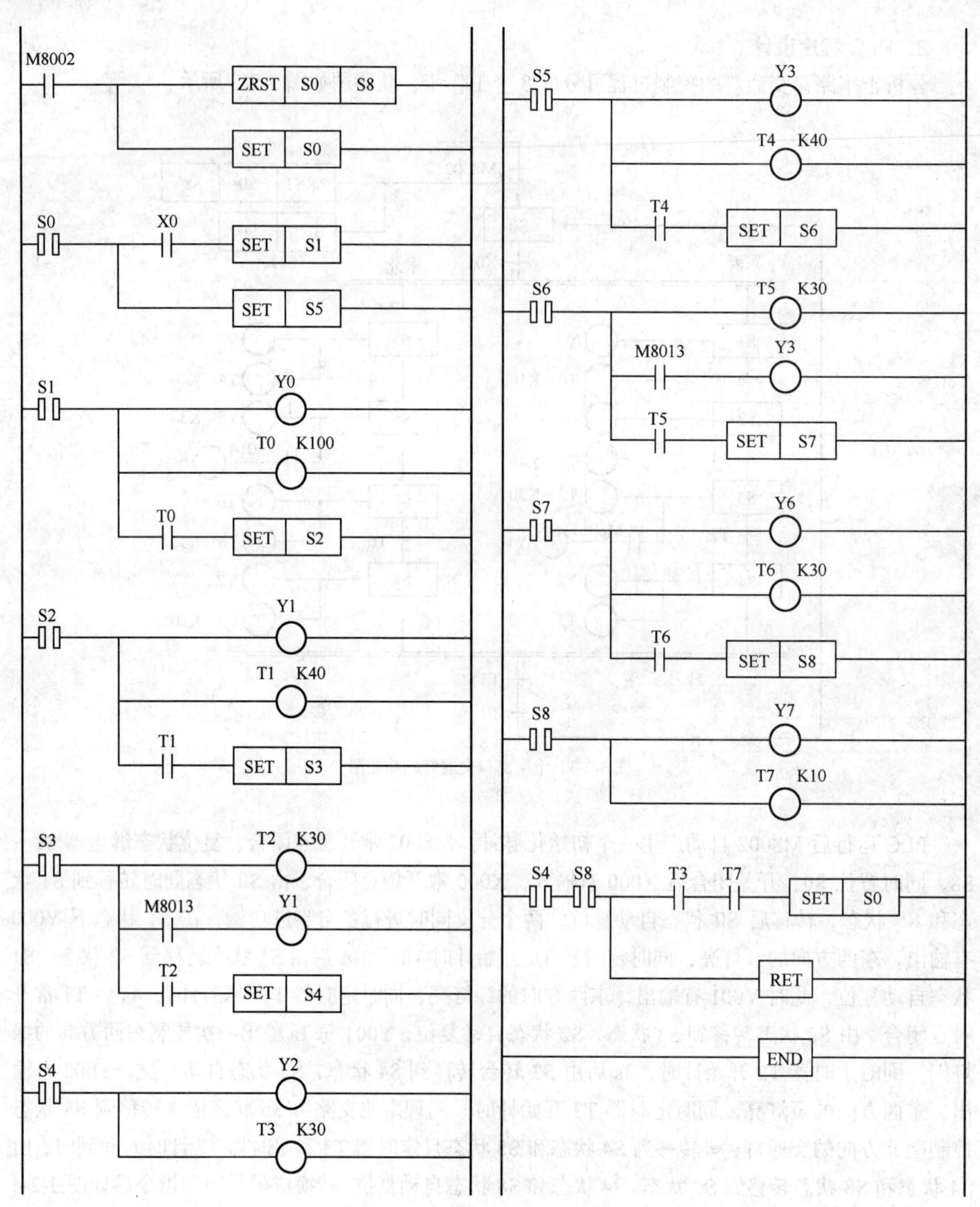

图 3-2-4　交通灯 PLC 控制梯形图

表 3-2-2　　交通灯 PLC 控制指令表

0000	LD M8002	0008	STL S1	0016	OUT T1	0024	OUT Y001
0001	ZRST S0	0009	OUT Y000	0017	K40	0025	LD T2
0002	S8	0010	OUT T0	0018	LD T1	0026	SET S4
0003	SET S0	0011	K100	0019	SET S3	0027	STL S4
0004	STL S0	0012	LD T0	0020	STL S3	0028	OUT Y002
0005	LD X000	0013	SET S2	0021	OUT T2	0029	OUT T3
0006	SET S1	0014	STL S2	0022	K30	0030	K30
0007	SET S5	0015	OUT Y001	0023	LD M8013	0031	STL S5

续表

0032	OUT Y3	0040	LD M8013	0048	LD T6	0056	LD T3
0033	OUT T4	0041	OUT Y003	0049	SET S8	0057	AND T7
0034	K40	0042	LD T5	0050	STL S8	0058	SET S0
0035	LD T4	0043	SET S7	0051	OUT Y007	0059	RET
0036	SET S6	0044	STL S7	0052	OUT T7	0060	END
0037	STL S6	0045	OUT Y006	0053	K10	0061	
0038	OUT T5	0046	OUT T6	0054	STL S4	0062	
0039	K30	0047	K30	0055	STL S8	0063	

◆ **检测评分**

将学生任务完成情况的检测与评价填入表 3-2-3 中。

表 3-2-3　　评分表

序号	考 核 项 目	评 定 原 则	分值	得分
1	安全文明	① 安全操作 ② 设备维护保养	10 分	
2	PLC 外部接线图	输入输出点数尽量最少	10 分	
3	PLC 梯形图	① 梯形图能实现相应控制功能 ② 格式要正确	35 分	
4	PLC 相应指令	① 能将梯形图转化成指令程序 ② 格式要正确	35 分	
5	规范操作	按要求操作	10 分	
总分			100 分	

◆ **任务反馈**

任务完成后，让学生自己做个总结，将完成情况填入表 3-2-4 中。

表 3-2-4　　任务反馈表

误 差 项 目	产 生 原 因	修 正 措 施
□所有灯都不亮 □东西的灯不亮 □系统不会循环显示 □系统不停止	□按钮有问题 □导线连接错误 □梯形图编写错误 □梯形图或指令输入错误	

拓展训练

东西交通灯加上左转指示灯，梯形图应该如何修改？

思考与练习

一、应用设计题

1. 用置位、复位指令实现起保停电路（启动信号——X1，停止信号——X2，受控线圈——Y0）。

2. 用 PLS 指令设计出使 M0 在 X0 的上升沿或 X1 的下降沿 ON 一个扫描周期的梯形图。

3. 写出闪烁电路的梯形图（开关 X0 接通后，Y0 先断开 1s，再通电 1s，交替进行，直到开关 X0 断开后停止）。

4. 用 PLC 控制七段数码管字母的显示，控制要求是分别按下 A～F 字母键，显示相应的字母。

二、根据功能图画出梯形图并写出指令语句。

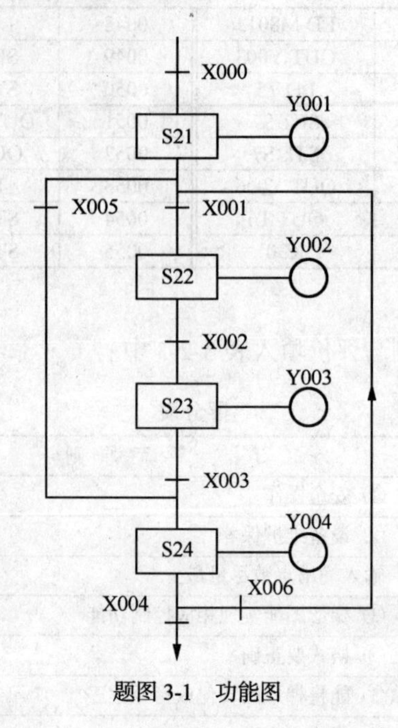

题图 3-1　功能图

项目四
功能指令模块

可编程序控制器雷同于工业控制计算机，因为其内部除了有很多基本逻辑指令外，还有大量的功能指令。这些功能指令实际上是许多功能不同的子程序，大大地扩展了可编程序控制器的应用范围，使可编程序控制器可以用于模拟量的生产过程控制之中。功能指令主要是用于执行数据的传送、比较、运算、变换以及程序控制等功能。

在本项目的学习中，详细介绍可编程序控制器编程的功能指令的编程方法，最终使学生能够熟练使用功能指令进行编程设计。

任务一　机械手的 PLC 控制

任务描述

机械手的外形图如图 4-1-1 所示，这是一个典型移送工件用的机械手。左上方为原点(初始位置)，工作过程按照原点→下降→夹紧工件→上升→右移→下降→松开工件→左移→回原点完成一个工作循环，实现把工件从 A 处移送到 B 处。机械手上升、下降、左右移动时用双线圈二位电磁阀推动气缸完成。当某个电磁阀线圈通电后，就一直保持现有的机械动作，例如，下降的电磁阀线圈通电后，机械手下降，即使线圈再断电，仍然保持现有的下降动作状态，直到相反方向的线圈通电为止。夹紧和放松由单线圈二位电磁阀推动气缸完成，线圈通电执行夹紧动作，线圈断电时执行放松动作。

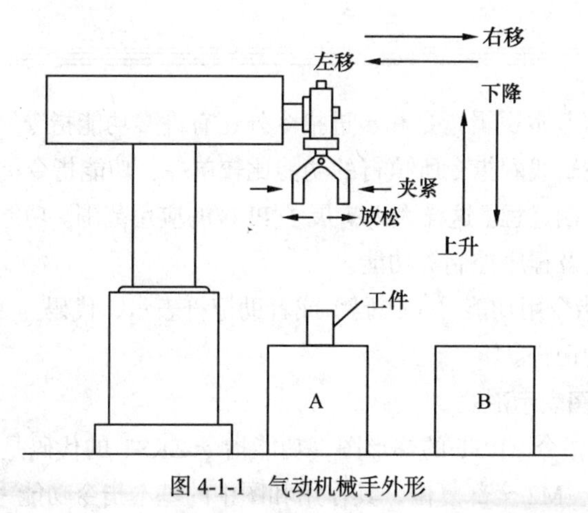

图 4-1-1　气动机械手外形

机械手的工作过程通过位置信号实现控制，这里使用了 4 只限位开关 SQ1～SQ4 来取得位置信号，从而使 PLC“识别”机械手目前的位置状况以实现控制。图 4-1-2 表示该机械手在一个工作周期应实现的动作过程，包括：

① 起动后，机械手由原点位置开始向下运动，直到下限位开关闭合为止；
② 机械手夹紧工件，时间为 1s；
③ 夹紧工件后向上运动，直到上限位开关闭合为止；
④ 再向右运动，直到右限位开关闭合为止；
⑤ 再向下运动，直到下限位开关闭合为止；
⑥ 机械手将工件放到工作台 B 上，其放松时间为 1s；
⑦ 再向上运动，直到上限位开关闭合为止；
⑧ 再向左运动，直到左限位开关闭合，一个工作周期结束，机械手返回到原位状态。

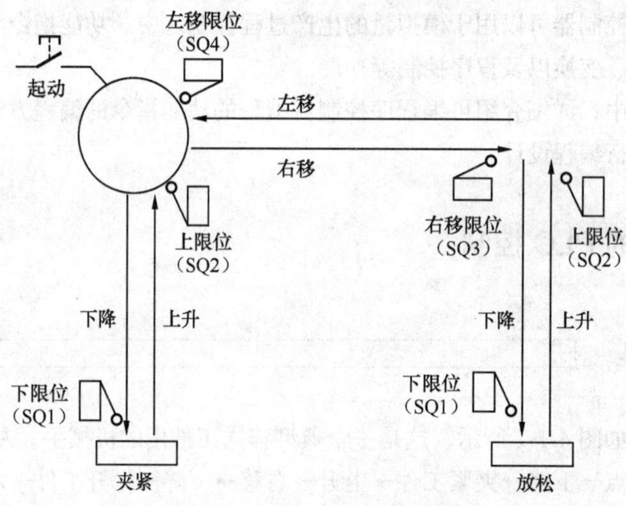

图 4-1-2　气动机械手运动示意图

技能目标

❖ 掌握 PLC 控制起动机械手的动作原理。
❖ 掌握功能指令 SFTL 的编程方法。

知识准备

PLC 内部除了有许多基本逻辑指令和步进指令外还有许多功能指令。功能指令相当于基本指令中的逻辑线圈指令，逻辑线圈指令所执行的功能比较单一，功能指令类似于一个子程序，可以完成一系列比较完整的控制过程。这样大大扩展了 PLC 的应用范围。功能指令主要用于执行数据传送、比较、运算、变换及程序控制等功能。

FX2N 型 PLC 功能指令用功能号（代码）或者助记符表示，代码为 FNC00～FNC250，每条功能指令都有其代码和助记符。

1．功能指令的梯形图表示形式

如图 4-1-3 所示功能指令 ZRST 的梯形图，功能指令 ZRST 的代码是 40，当 X001 常开触点闭合时，辅助继电器 M0～M2 全部复位，其作用和图中的基本指令功能一样。

2．功能指令使用的软元件

根据内部位数不同，PLC 的编程元件可分成字元件和位元件。

位元件指用于处理开关状态的继电器，内部只能存一位数据 0 或者 1，例如输入继电器 X、输出继电器 Y 和辅助继电器 M。而字元件是由 16 位数据寄存器组成，用于处理 16 位数据，例如数据寄存器 D 和变址寄存器 V 和 Z 都是 16 位数据寄存器。常数 K、H 和指针 P 存放的都是 16 位数据，所以都是字元件。计数器 C 和定时器 T 也是字元件，用于处理 16 位数据。

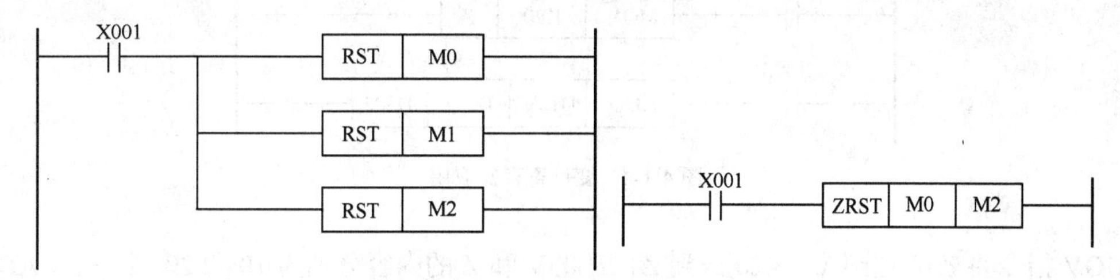

图 4-1-3　基本指令和功能指令作比较

要处理 32 位数据，用两个相邻的数据寄存器就可以组成 32 位数据寄存器。一个位元件只能表示一位数据，但是 16 个位元件就可以作为一个字元件使用。

用位元件组成字元件的方法如下。

功能指令中将多个位元件按照 4 位为一组的原则来组合。K*n*M*i* 中的 *n* 表示组数，规定每组 4 个位元件，4 × *n* 为用位元件组成字元件的位数。M*i* 表示位元件的首位元件号。比如 K2M0 表示 2 组位元件，每组有 4 个位元件，共 2 × 4 个位元件，位元件的最低位是 M0，因此 K2M0 表示由 M0～M7 组成的八位数据。

3. 功能指令的使用

每种功能指令都有规定格式，例如位左移指令格式如下。

SFTLP	(S.)	(D.)	*n*1	*n*2

*n*2≤*n*1≤1024

（S）——源元件，如果源元件可以变址，用（S.）表示，如果有多个源元件，用（S1.）、（S2.）表示。

（D）——目的元件，如果目的元件可以变址，用（D.）表示，如果有多个目的元件，用（D1.）、（D2.）表示。

补充说明用 n 表示，补充说明不止一个时，用 n1、n2 或者 m1、m2 表示。

注意：如果指令 SFTL 后有 P，条件满足时只在一个扫描周期移动 *n*2 位数据，如果指令 SFTL 后没有 P，则每个扫描周期都会移动 *n*2 位数据。

每种功能指令使用的软元件都有规定范围，例如位左移指令可使用软元件范围如下。

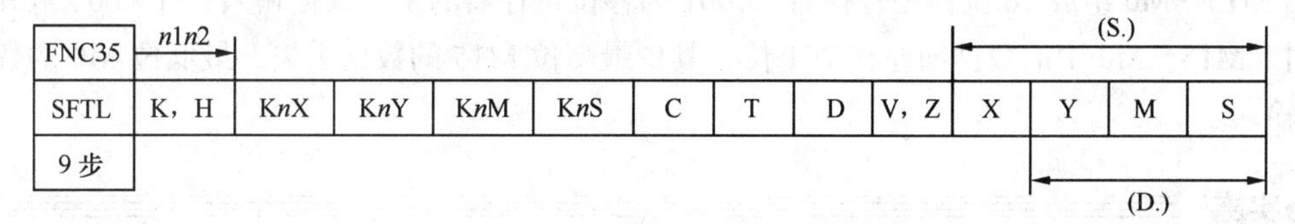

源元件（S.）可以使用的位元件有 X、Y、M、S；目的元件（D.）可以使用的位元件有 Y、M、S；

4. 变址操作

功能指令的源元件和目的元件大部分都可以变址。变址操作使用的是变址寄存器 V 和 Z，一共 16 个，V0～V7 和 Z0～Z7。变址寄存器 V 和 Z 都是 16 位寄存器，用变址寄存器对功能指令中的源元件和目的元件进行修改，可以大大提高功能指令的控制功能，如图 4-1-4 所示。

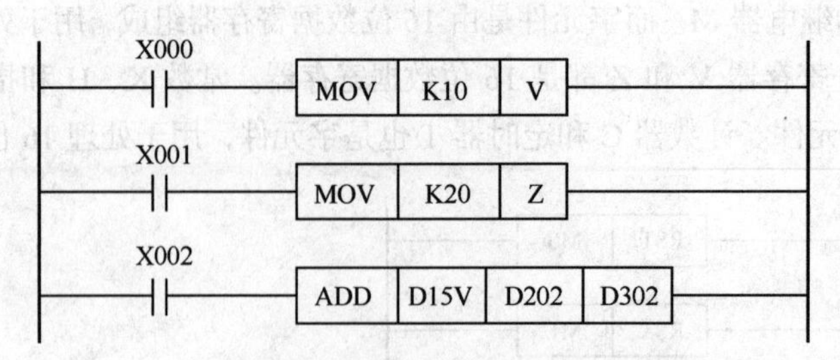

图 4-1-4　变址寄存器应用

MOV 指令将 K10 送到 V，K20 送到 Z，因此 V 和 Z 的内容分别为 10 和 20，第三行 ADD 是加法指令，执行 ADD 后将 D15V + D20Z 运算结果送到 D30Z，即 D25(15 + 10) + D40（20 + 20）送到 D60（30 + 20）中。

5. 位左移指令 SFTL

位左移指令格式如下。

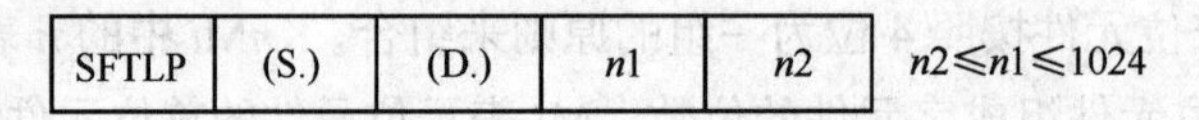

指令功能说明：（D.）为 *n*1 位移位寄存器，（S.）为 *n*2 位数据。指令执行后，*n*1 位移位寄存器（D.）将（S.）的 *n*2 位数据向左移动 *n*2 位。如图 4-1-5 所示梯形图。

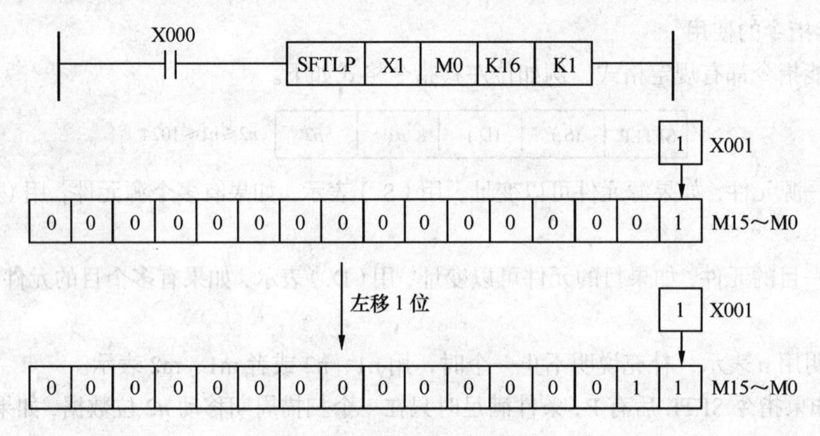

图 4-1-5　SFTL 指令使用说明

由 M15～M0 组成 16 位移位寄存器，X001 为移位寄存器的 1 位数据输入，当 X000 常开触点闭合时，M15～M0 中的数据向左移动 1 位，其中最高位 M15 的数据丢失，最低位 M0 的数据由 X001 输入。

任务实施

◆　实际操作

1. PLC 的 I/O 接线图

根据任务描述可知：使用的 PLC 的输入设备是起动按钮、停止按钮和 4 个行程开关，输出设备是控制上升、下降、左移、右移、夹紧和放松的 5 个电磁阀和原位指示灯。

I/O 地址分配如表 4-1-1 所示。

表 4-1-1　　机械手的 PLC 控制 I/O 地址分配表

输入设备	起动按钮	X000
	停止按钮	X005
	行程开关 SQ1	X001
	行程开关 SQ2	X002
	行程开关 SQ3	X003
	行程开关 SQ4	X004
输出设备	下降电磁阀 YV1	Y000
	夹紧电磁阀 YV2	Y001
	上升电磁阀 YV3	Y002
	右移电磁阀 YV4	Y003
	左移电磁阀 YV5	Y004
	原位指示灯 HL	Y005

分配好 I/O 信号后可以得到 PLC 的 I/O 接线图如图 4-1-6 所示。

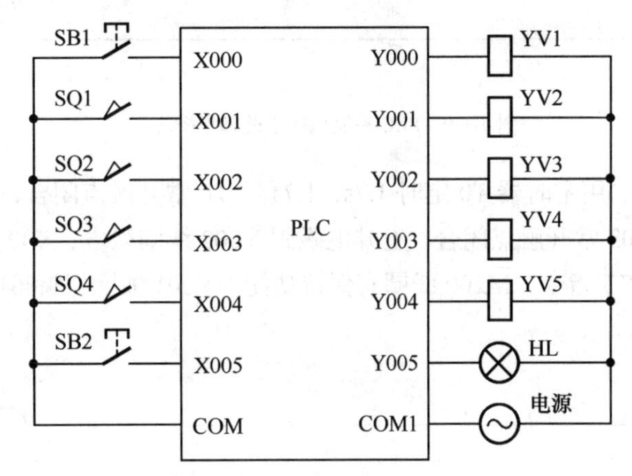

图 4-1-6　机械手的 PLC 接线图

2. PLC 程序设计

机械手处于原位时，上升限位开关 X002、左限位开关 X004 均处于接通状态，移位寄存器数据输入端接通，使 M100 线圈得电，Y005 线圈接通，原位指示灯亮。如图 4-1-7 所示。

图 4-1-7　PLC 控制机械手的梯形图之一

按下起动按钮，X000 有输入，X000 常开触点闭合，产生移位信号，M100 的‘1’状态移动到 M101，输出继电器 Y000 线圈得电，接通下降电磁阀，执行下降动作，由于上升限位开关 X002 断开，M100 线圈断电，原位指示灯灭。梯形图如图 4-1-8 所示。

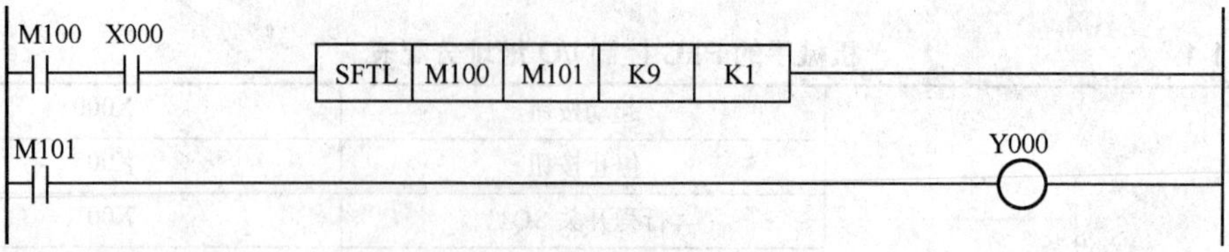

M100
X000
SFTL
M100
M101
K9
K1
M101
Y000

图 4-1-8　PLC 控制机械手的梯形图之二

当下降到位时，下限位开关 X001 接通，产生移位信号，M100 的‘0’状态移动到 M101，M101 的常开触点断开，Y000 线圈断电，机械手停止下降，M101 的‘1’状态移动到 M102，M102 常开触点闭合，M200 置位，M200 常开触点闭合，夹紧电磁阀 Y001 线圈得电，执行夹紧动作。梯形图如图 4-1-9 所示。

M101
X001
SFTL
M100
M101
K9
K1
M102
SET
M200
M200
Y001

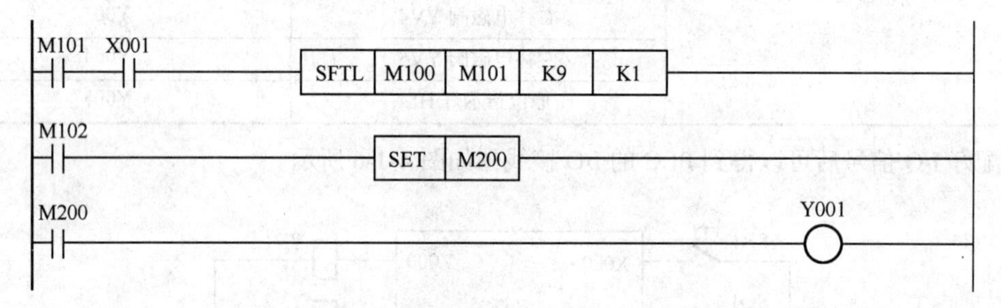

图 4-1-9　PLC 控制机械手的梯形图之三

夹紧时间需要 1.7s，用定时器 T0 定时 1.7s，1.7s 后 T0 常开触点闭合，产生移位信号，M103 置位，M102 断电，M103 常开触点闭合，上升电磁阀 Y002 线圈得电，X001 常开触点断开，执行上升动作。由于使用 SET 指令，M200 线圈有保持功能，Y001 线圈保持得电，机械手继续夹紧。梯形图如图 4-1-10 所示。

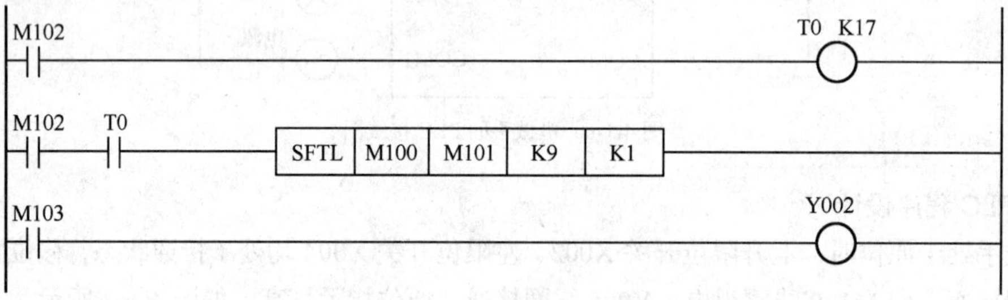

M102
T0 K17
M102
T0
SFTL
M100
M101
K9
K1
M103
Y002

图 4-1-10　PLC 控制机械手的梯形图之四

当上升到位时，上升限位开关 X002 常开触点闭合，产生移位信号，M103 断电，M104 置位，X004 断开，Y003 线圈得电，驱动右移电磁阀得电，执行右移动作。梯形图如图 4-1-11 所示。

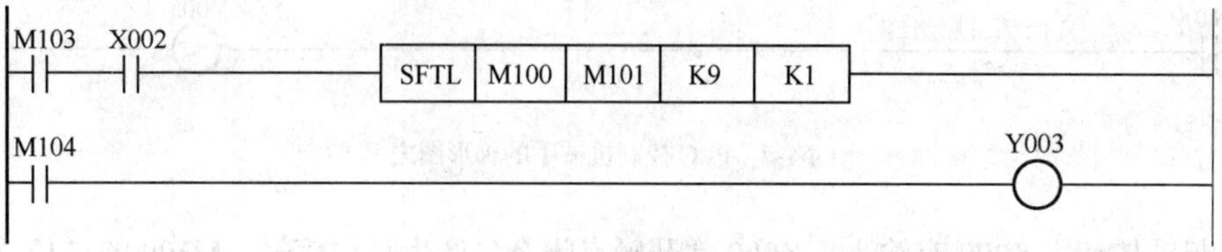

M103
X002
SFTL
M100
M101
K9
K1
M104
Y003

图 4-1-11　PLC 控制机械手的梯形图之五

右移到位时，右限位开关动作，X003 常开触点闭合，产生移位信号，M104 的‘1’状态移动到 M105，M104 常开触点断开，Y003 线圈断电，同时 M105 常开触点闭合，Y000 线圈再次得电，执行下降动作。梯形图如图 4-1-12 所示。

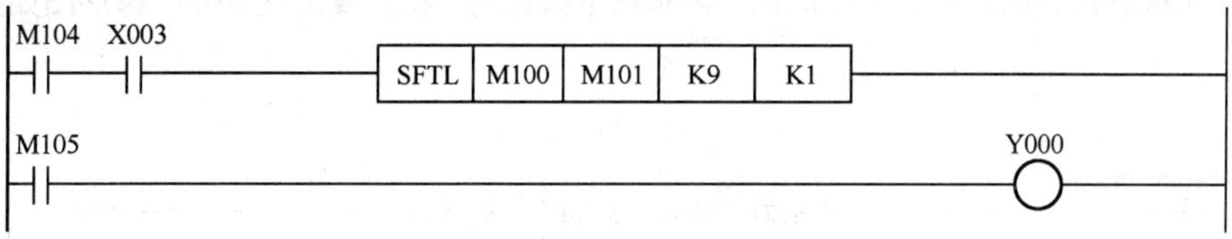

图 4-1-12　PLC 控制机械手的梯形图之六

当下降到位时，下限位开关动作，X001 常开触点闭合，产生移位信号，M105 的‘1’状态移动到 M106，M105 常开触点断开，Y000 线圈断电，停止下降，M106 常开触点闭合，M200 复位，M200 常开触点断开，Y001 线圈断电，机械手松开工件。梯形图如图 4-1-13 所示。

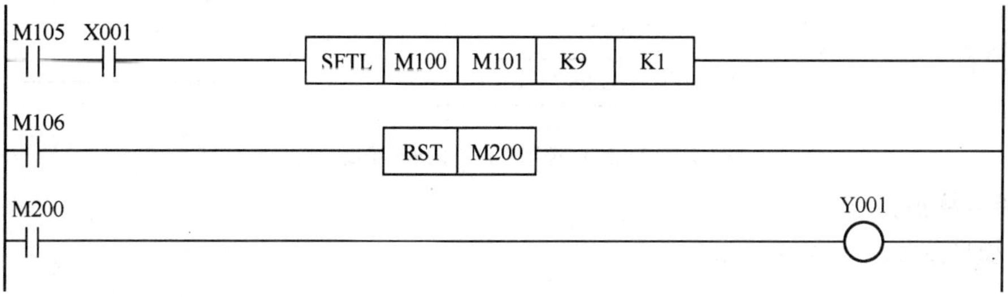

图 4-1-13　PLC 控制机械手的梯形图之七

机械手松开工件需要 1.5s，用定时器 T1 计时 1.5s，1.5s 后 T1 常开触点闭合，产生移位信号，将 M106 的‘1’状态移动到 M107，M107 常开触点闭合，Y002 线圈再次得电，X001 断开，机械手又开始上升。梯形图如图 4-1-14 所示。

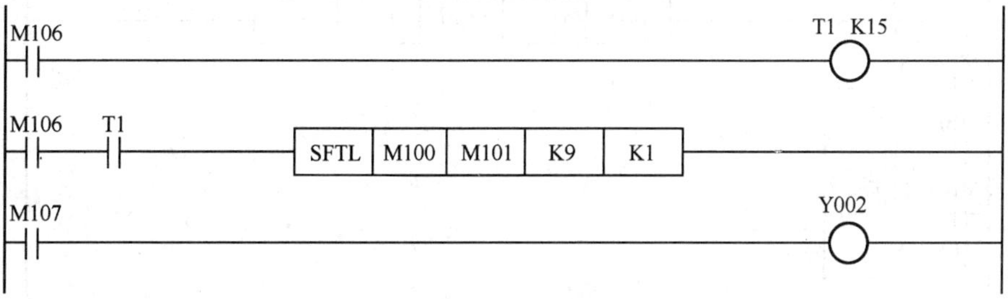

图 4-1-14　PLC 控制机械手的梯形图之八

上升到上限位开关处，上限位开关动作，X002 常开触点闭合，产生移位信号，M107 的‘1’状态移动到 M108，M107 常开触点断开，Y002 线圈断电，机械手停止上升，M108 常开触点闭合，Y004 线圈得电，执行左移动作。梯形图如图 4-1-15 所示。

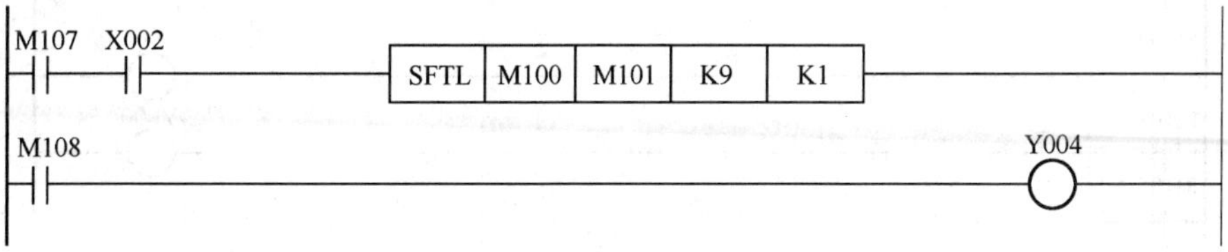

图 4-1-15　PLC 控制机械手的梯形图之九

到达原位时，左限位开关动作，X004 常开触点闭合，M108 的‘1’状态移动到 M109，移位寄存器全部复位，Y004 线圈断开，机械手回到原位，由于原位时 X002 和 X004 常开触点都闭合，M100 又被置位，完成一个工作周期，再次按下按钮时，将重复上述动作。梯形图如图 4-1-16 所示。

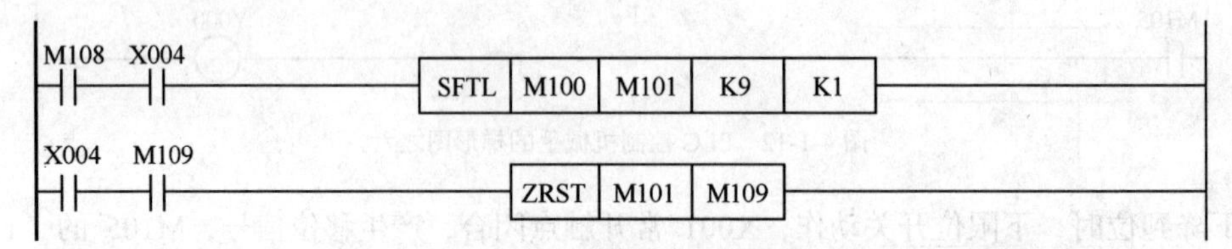

图 4-1-16　PLC 控制机械手的梯形图之十

按下停止按钮时，移位寄存器全部复位，系统停止工作。梯形图如图 4-1-17 所示。

X005

ZRST M101 M109

图 4-1-17　PLC 控制机械手的梯形图之十一

3. 综合梯形图

综合梯形图如图 4-1-18 所示。

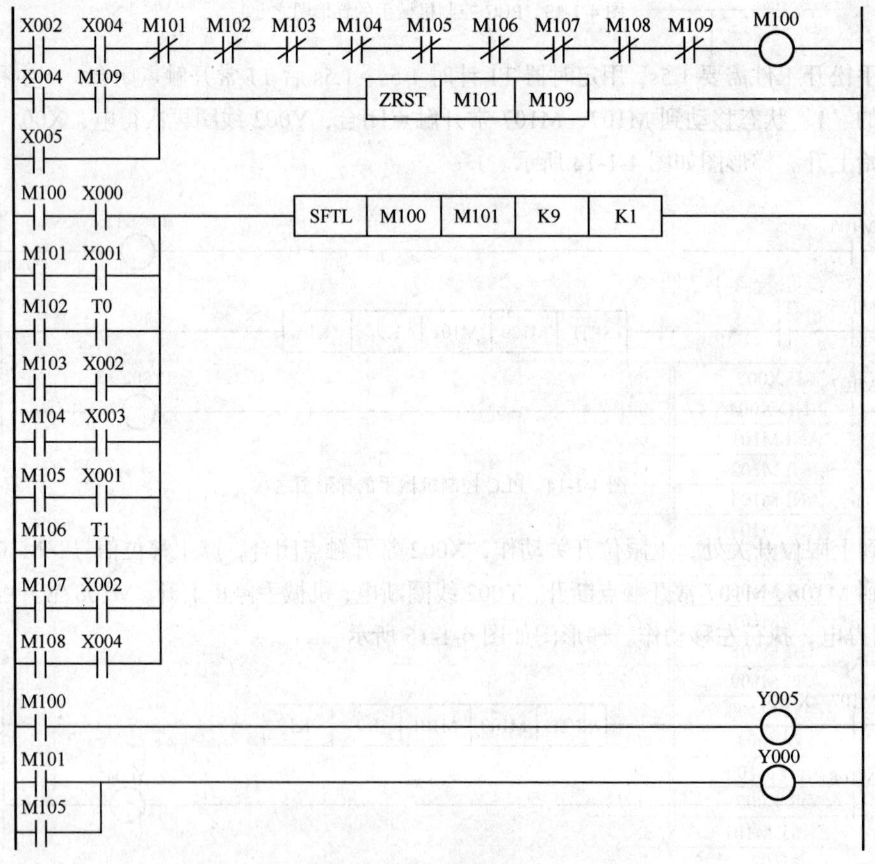

图 4-1-18　PLC 控制机械手的综合梯形图

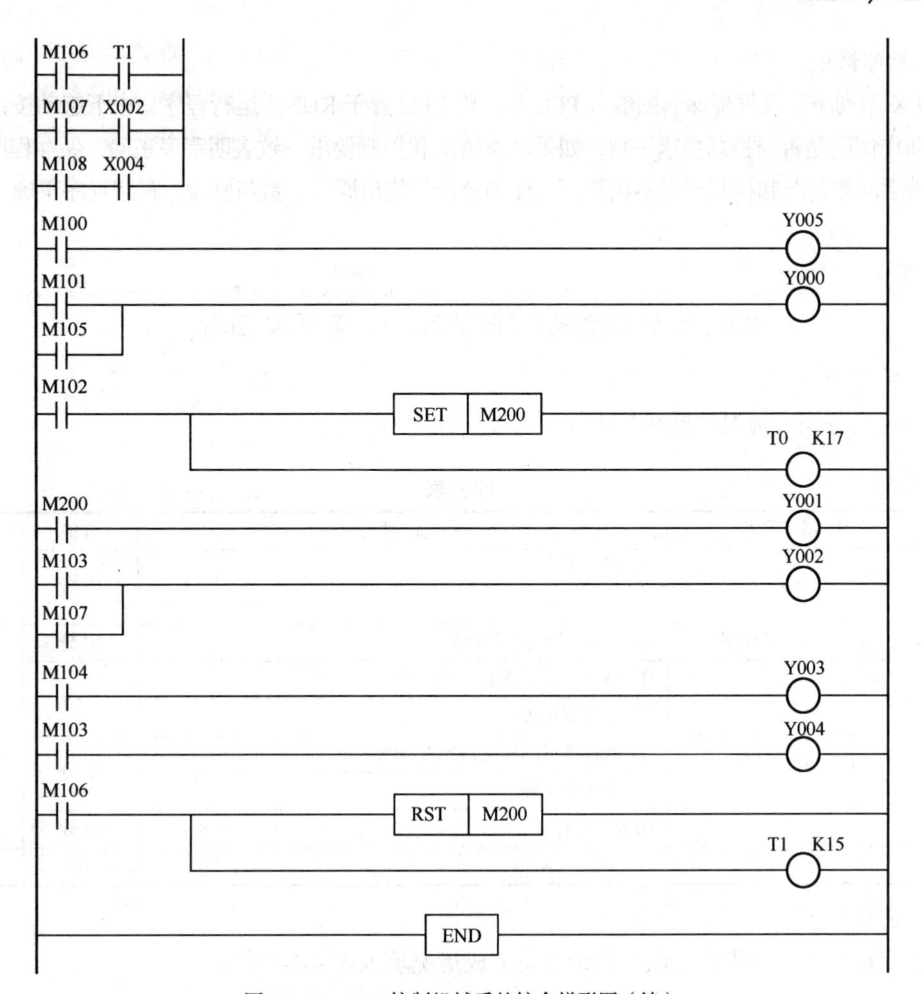

图 4-1-18　PLC 控制机械手的综合梯形图（续）

4. 指令语句表

指令语句表如表 4-1-2 所示。

表 4-1-2　　PLC 控制机械手的指令语句表

0000	LD X002	0018	AND X000	0036	ORB	0054	OUT T0
0001	AND X004	0019	LD M101	0037	LD M107	0055	K17
0002	ANI M101	0020	AND X001	0038	AND X002	0056	LD M200
0003	ANI M102	0021	ORB	0039	ORB	0057	OUT Y001
0004	ANI M103	0022	LD M102	0040	LD M108	0058	LD M103
0005	ANI M104	0023	AND T0	0041	AND X004	0059	OR M107
0006	ANI M105	0024	ORB	0042	ORB	0060	OUT Y002
0007	ANI M106	0025	LD M103	0043	SFTL M100	0061	LD M104
0008	ANI M107	0026	AND X002	0044	M101	0062	OUT Y003
0009	ANI M108	0027	ORB	0045	K9	0063	LD M108
0010	ANI M109	0028	LD M104	0046	K1	0064	OUT Y004
0011	OUT M100	0029	AND X003	0047	LD M100	0065	LD M106
0012	LD X004	0030	ORB	0048	OUT Y005	0066	RST M200
0013	AND M109	0031	LD M105	0049	LD M101	0067	OUT T1
0014	OR X005	0032	AND X001	0050	OR M105	0068	K15
0015	ZRST M101	0033	ORB	0051	OUT Y000	0069	END
0016	M109	0034	LD M106	0052	LD M102	0070	
0017	LD M100	0035	AND T1	0053	SET M200	0071	

5. 程序调试

用 FX 系列编程软件将梯形图输入 PLC 后，将 PLC 置于 RUN，运行程序，按下起动按钮，观察机械手动作情况是否与控制要求一致，如果动作情况和控制要求一致表明程序正确，保存程序。如果发现机械手动作情况和控制要求不相符，应仔细分析，找出原因，重新修改，直到程序正确为止。

思 考

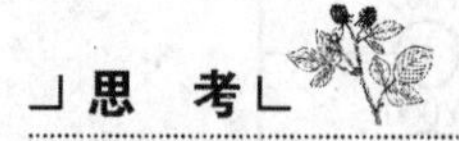

如果放松和夹紧的需要的时间都是 2s，梯形图如何改?

◆ 检测评分

将学生任务完成情况的检测与评价填入表 4-1-3 中。

表 4-1-3 评分表

序号	考核项目	评定原则	分值	得分
1	安全文明	① 安全操作	10 分	
		② 设备维护保养		
2	PLC 外部接线图	输入输出点数尽量最少	10 分	
3	PLC 梯形图	① 梯形图能实现相应控制功能	35 分	
		② 格式要正确		
4	PLC 相应指令	① 能将梯形图转化成指令程序	35 分	
		② 格式要正确		
5	规范操作	按要求操作	10 分	
		总 分	100 分	

◆ 任务反馈

任务完成后，让学生自己做个总结，将完成情况填入表 4-1-4 中。

表 4-1-4 任务反馈表

误差项目	产生原因	修正措施
□系统不起动 □机械手不夹紧 □机械手夹紧后不上升	□按钮有问题 □导线连接错误 □梯形图编写错误 □梯形图或指令输入错误 □夹紧电磁阀出故障	

拓展训练

设计流水灯程序：5 盏灯 HL1、HL2、HL3、HL4、HL5，从 HL1 起每次亮一盏灯，间隔 5s，5 盏灯依次循环。要求用左移位指令。

任务二 运料小车的 PLC 控制

任务描述

有 5 个停靠站，小车可以停靠在任意一个停靠站。按下起动按钮 SB1，系统开始工作，按下停止按钮 SB2，系统停止工作。当小车当前所处停靠站的编码小于呼叫按钮 SB 的编码时，小车向右走，运行到呼叫按钮 SB 所对应的停靠站时停止；当小车当前所处停靠站的编码大于呼叫按钮 SB 的编码时，小车向左走，运行到呼叫按钮 SB 所对应停靠站时停止；当小车当前所处停靠站编码等于呼叫按钮 SB 的编码时，小车保持不变。呼叫按钮 SB3～SB7 有互锁功能，先按下者优先。

技能目标

- ❖ 掌握 PLC 控制运料小车按要求运行的方法。
- ❖ 掌握 MOV、CMP 指令的编程方法。

知识准备

一、传送指令 MOV

1. 指令格式

(D)MOV(P)	(S.)	(D.)

功能指令可以处理 16 位和 32 位数据，默认状态为 16 位，如果指令前面有 D，则表示处理的数据为 32 位。

2. 可使用软元件范围

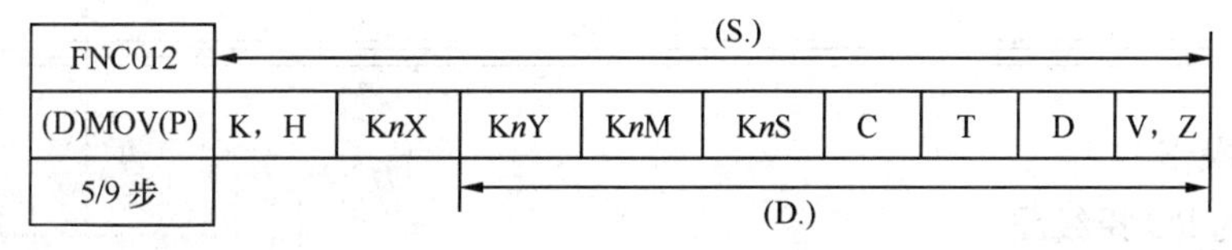

3. 指令说明

它用于将（S1.）中的数值直接传送到（D.）中。例如执行下面的梯形图如图 4-2-1 所示。

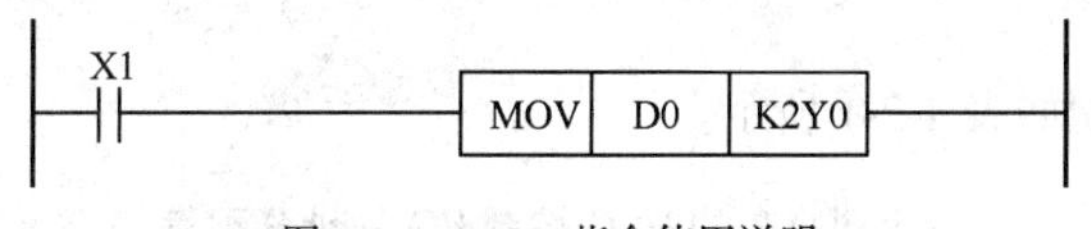

图 4-2-1 MOV 指令使用说明

假设数据寄存器 D0 中存储的数据是 0101010101010101，MOV 作用是将 D0 中存储的数据的低 8 位传送到 K2Y0 组成的 8 位数据寄存器中，执行指令后 Y0 = 1、Y1 = 0、Y2 = 1、Y3 = 0、Y4 = 1、Y5 = 0、Y6 = 1、Y7 = 0。

二、比较指令 CMP

1. 指令格式

(D)CMP(P)	(S1.)	(S2.)	(D.)

2. 指令可使用软元件范围

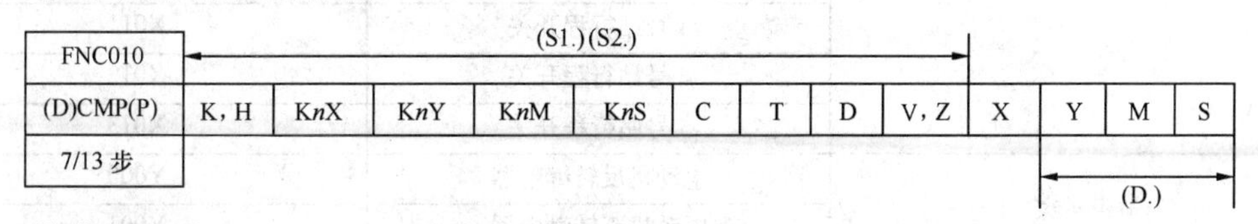

3. 指令功能说明

比较指令 CMP 的功能是将两个源数据的数值进行比较，比较结果由（D.）决定的 3 个连续的继电器来表示，如图 4-2-2 所示。

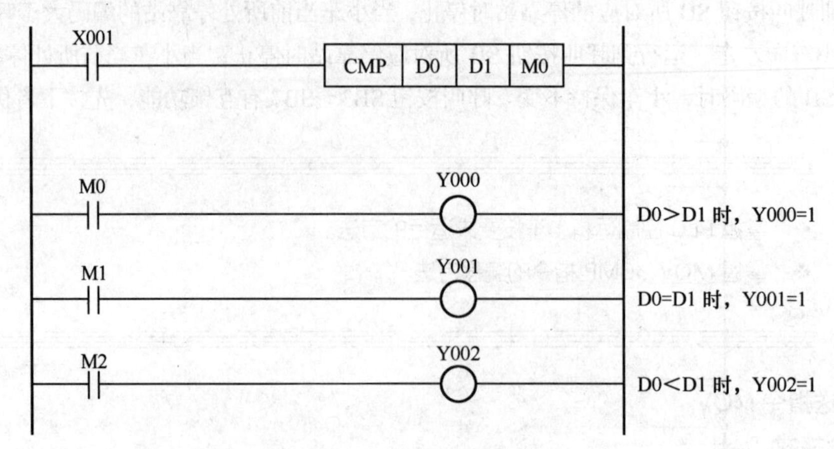

图 4-2-2　CMP 指令使用说明

当 X001 常开触点闭合时，将 D0 和 D1 的数据进行比较，如果 D0 中的数据大于 D1 中的数据，M0 的常开触点闭合，Y000 有输出；如果 D0 中的数据等于 D1 中的数据，M1 的常开触点闭合，Y001 有输出；如果 D0 中的数据小于 D1 中的数据，M2 的常开触点闭合，则 Y002 有输出。

任务实施

◆ 实际操作

1. PLC 的 I/O 接线图

根据任务描述可知：5 个停靠站，每个停靠站一个呼叫按钮一个行程开关，还有起动按钮和停止按钮，因此 PLC 输入设备用 12 个，输出设备为控制电动机正转的 KM1 和控制电动机反转的 KM2。

PLC 的 I/O 地址分配如表 4-2-1 所示。

表 4-2-1　　运料小车的 PLC 控制 I/O 地址分配表

输入设备	起动按钮开关	X000
	停止按钮开关	X001
	1 号站呼叫按钮开关	X002
	2 号站呼叫按钮开关	X003
	3 号站呼叫按钮开关	X004
	4 号站呼叫按钮开关	X005
	5 号站呼叫按钮开关	X006
	1 号站行程开关	X007
	2 号站行程开关	X010
	3 号站行程开关	X011
	4 号站行程开关	X012
	5 号站行程开关	X013
输出设备	电动机反转继电器	Y000
	电动机正转继电器	Y001

分配好 I/O 信号后可以得到 PLC 的 I/O 接线图如图 4-2-3 所示。

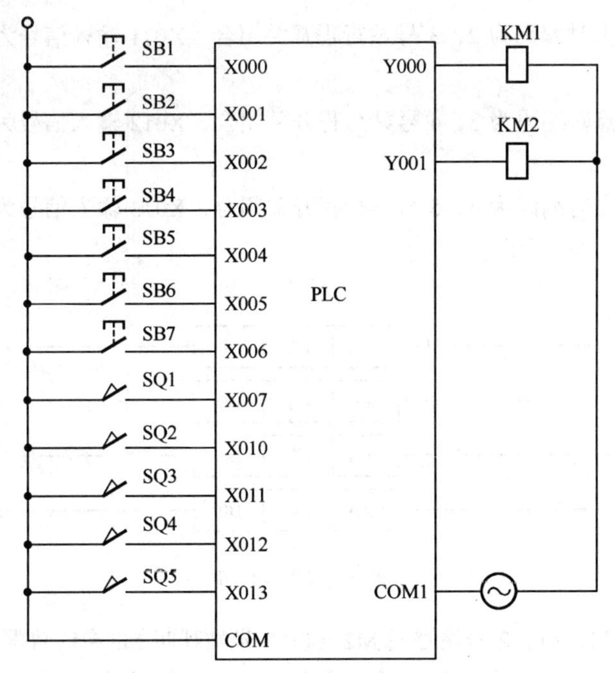

图 4-2-3 运料小车的 PLC 接线图

PLC 的输入继电器 X 是接收外部开关信号的窗口，如图 4-2-3 所示电路中，没有按下按钮 SB 时，X0 的输入信号为 0，按下按钮 SB 时，X0 的输入信号为 1。

PLC 的输出继电器 Y 是向外部负载输出信号的窗口，如图 4-2-3 所示电路中，当 PLC 程序输出 Y0 信号为 1 时，接触器 KM 线圈得电，主电路中的主触点闭合，电动机得电运行；当程序输出 Y0 信号为 0 时，接触器 KM 线圈断电，主电路中的主触点断开，电动机停止。

2. PLC 程序设计

按下起动按钮 X000，系统起动，按下停止按钮 X001，系统停止，设定 M0 = 1 为系统起动状态，梯形图如图 4-2-4 所示。

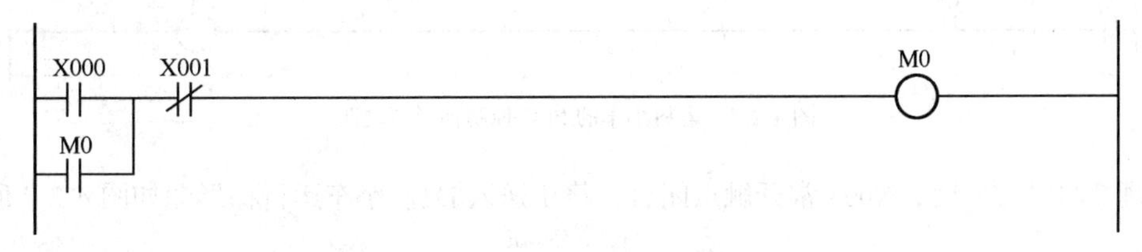

图 4-2-4 运料小车的 PLC 控制梯形图之一

小车处于 1 号停靠站时编码为 0，1 号站行程开关闭合，X007 输入信号为 1，将 0 存入数据寄存器 D，梯形图如图 4-2-5 所示。

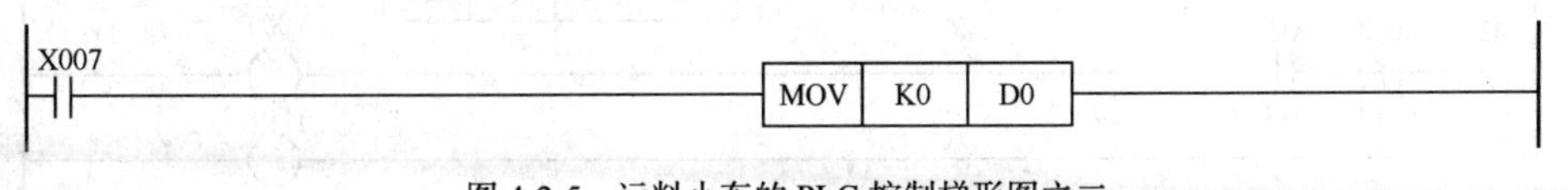

图 4-2-5 运料小车的 PLC 控制梯形图之二

同理：小车处于 2 号站点时编码为 1，2 号站行程开关闭合，X010 输入信号为 1，将 1 存入数据寄存器 D。

小车处于 3 号站点时编码为 2，3 号站行程开关闭合，X011 输入信号为 1，将 2 存入数据寄存器 D。

小车处于 4 号站点时编码为 3，4 号站行程开关闭合，X012 输入信号为 1，将 3 存入数据寄存器 D。

小车处于 5 号站点时编码为 4，5 号站行程开关闭合，X013 输入信号为 1，将 4 存入数据寄存器 D。梯形图如图 4-2-6 所示。

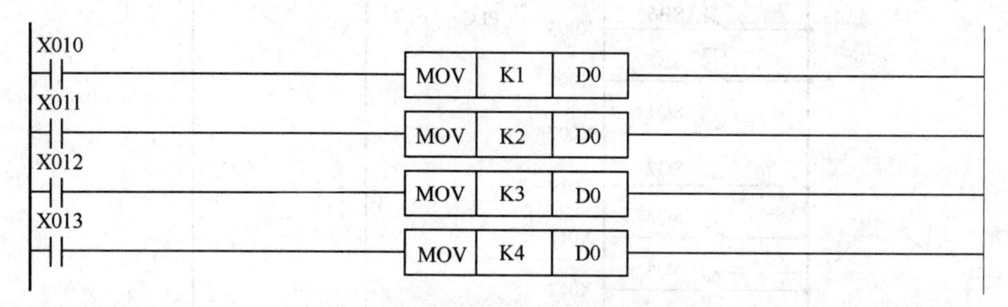

图 4-2-6　运料小车的 PLC 控制梯形图之三

设定 1 号站呼叫 M1 = 1；2 号站呼叫 M2 = 1；3 号站呼叫 M3 = 1；4 号站呼叫 M4 = 1；5 号站呼叫 M5 = 1。系统运行后，当 1 号站呼叫其他站点都不呼叫的情况下，X002 常开触点闭合，将 0 送入 D1，然后比较 D0 和 D1 的大小，就可以确认小车所处位置，从而判断小车左移还是右移。比较结果：D0>D1 时，M6 = 1，电动机反转，小车左移；D0<D1 时，M7 = 1，电动机正转，小车右移；D0 = D1 时 M8 = 1；小车静止不动。梯形图如图 4-2-7 所示。

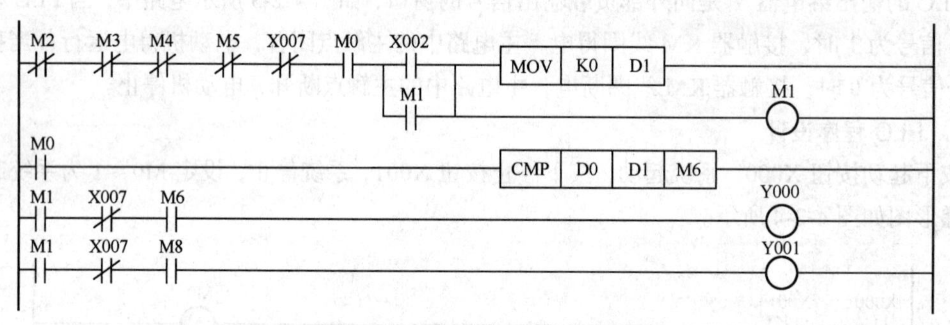

图 4-2-7　运料小车的 PLC 控制梯形图之四

同理 2 号站呼叫时，X003 常开触点闭合，将 1 送入 D1。小车运行梯形图如图 4-2-8 所示。

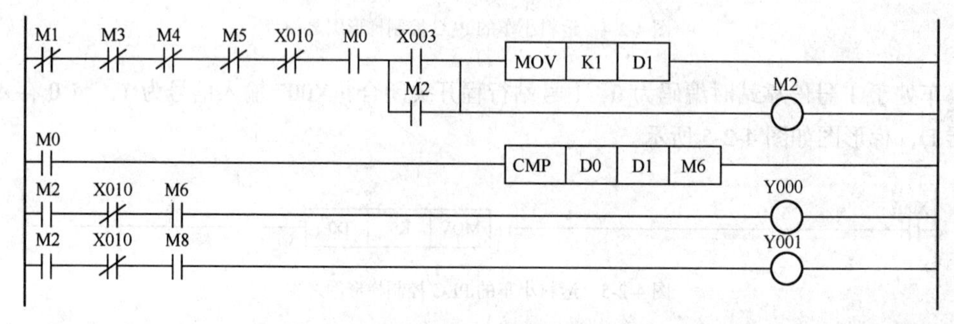

图 4-2-8　运料小车的 PLC 控制梯形图之五

3 号站呼叫时，X004 常开触点闭合，将 2 送入 D1。小车运行梯形图如图 4-2-9 所示。

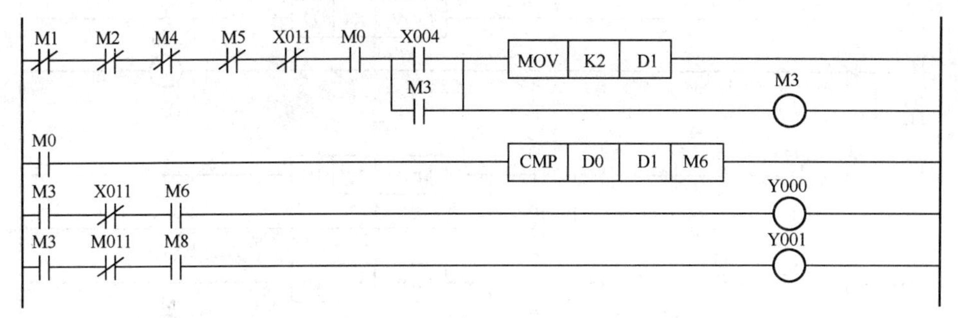

图 4-2-9 运料小车的 PLC 控制梯形图之六

4 号站呼叫时，X005 常开触点闭合，将 3 送入 D1。小车运行梯形图如图 4-2-10 所示。

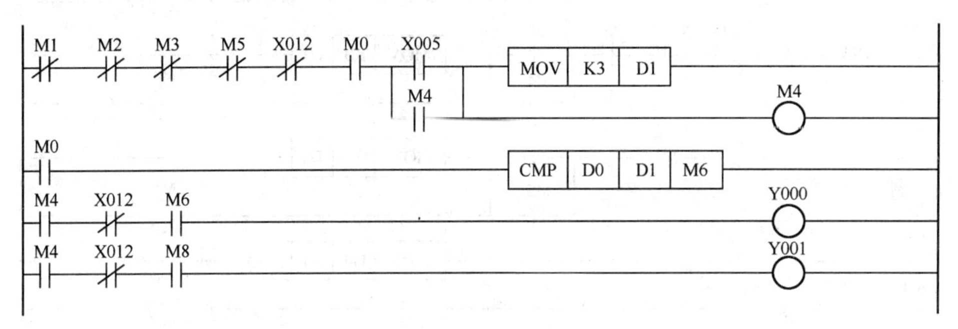

图 4-2-10 运料小车的 PLC 控制梯形图之七

5 号站呼叫时，X006 常开触点闭合，将 4 送入 D1。小车运行梯形图如图 4-2-11 所示。

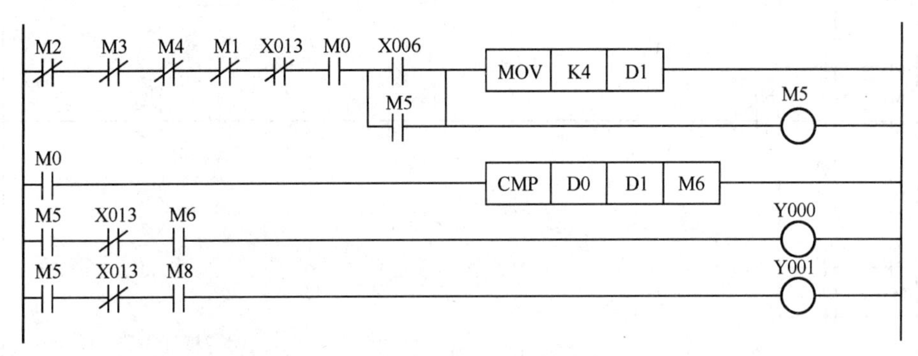

图 4-2-11 运料小车的 PLC 控制梯形图之八

3. 综合梯形图

综合梯形图如图 4-2-12 所示。

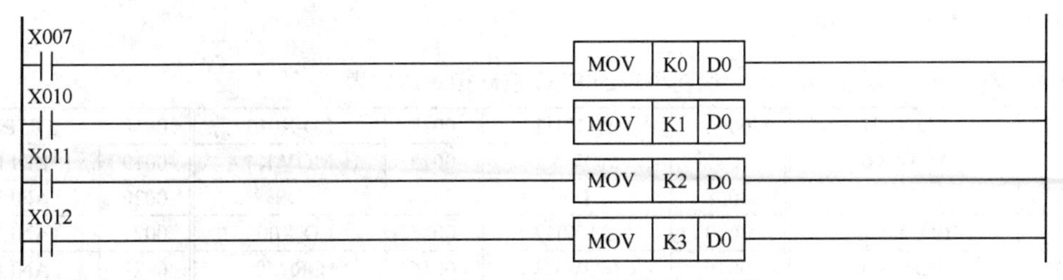

图 4-2-12 运料小车的 PLC 控制综合梯形图

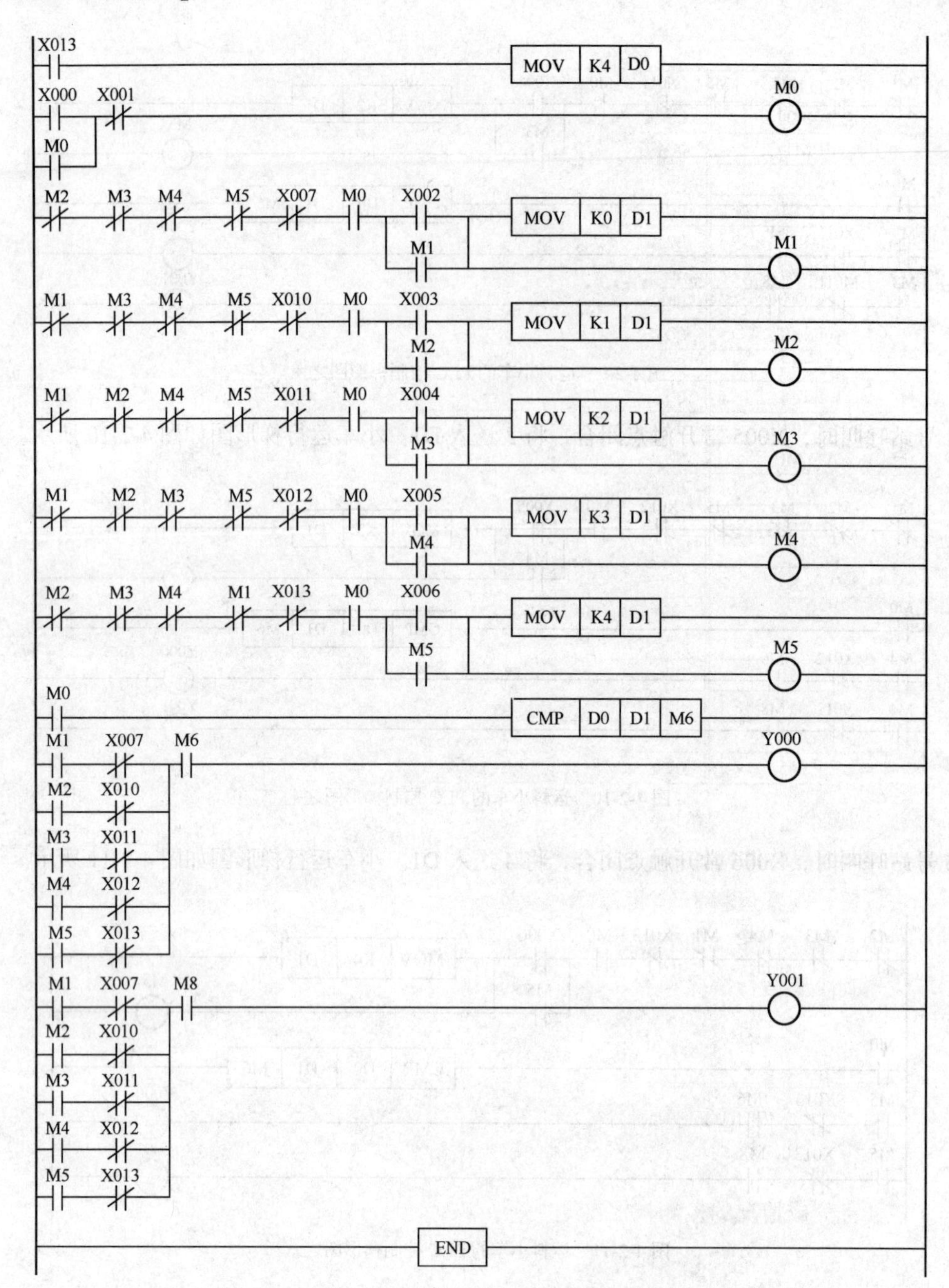

图 4-2-12　运料小车的 PLC 控制综合梯形图（续）

4. 指令语句表

指令语句表如表 4-2-2 所示。

表 4-2-2　　运料小车的 PLC 控制指令语句表

0000	LD X007	0006	LD X011	0012	LD X013	0018	OUT M0
0001	MOV K0	0007	MOV K2	0013	MOV K4	0019	LDI M2
0002	D0	0008	D0	0014	D0	0020	ANI M3
0003	LD X010	0009	LD X012	0015	LD X000	0021	ANI M4
0004	MOV K1	0010	MOV K3	0016	OR M0	0022	ANI M5
0005	D0	0011	D0	0017	ANI X001	0023	ANI X007

续表

0024	AND M0	0047	ANI X011	0070	ANI M1	0093	ORB
0025	LD X002	0048	AND M0	0071	ANI X013	0094	LD M5
0026	OR M1	0049	LD X004	0072	AND M0	0095	ANI X013
0027	ANB	0050	OR M3	0073	LD X006	0096	ORB
0028	MOV K0	0051	ANB	0074	OR M5	0097	AND M6
0029	D1	0052	MOV K2	0075	ANB	0098	OUT Y000
0030	OUT M1	0053	D1	0076	MOV K4	0099	LD M1
0031	LDI M1	0054	OUT M3	0077	D1	0100	ANI X007
0032	ANI M3	0055	LDI M1	0078	OUT M5	0101	LD M2
0033	ANI M4	0056	ANI M2	0079	LD M0	0102	ANI X010
0034	ANI M5	0057	ANI M3	0080	CMP D0	0103	ORB
0035	ANI X010	0058	ANI M5	0081	D1	0104	LD M3
0036	AND M0	0059	ANI X012	0082	M6	0105	ANI X011
0037	LD X003	0060	AND M0	0083	LD M1	0106	ORB
0038	OR M2	0061	LD X005	0084	ANI X007	0107	LD M4
0039	ANB	0062	OR M4	0085	LD M2	0108	ANI X012
0040	MOV K1	0063	ANB	0086	ANI X010	0109	ORB
0041	D1	0064	MOV K3	0087	ORB	0110	LD M5
0042	OUT M2	0065	D1	0088	LD M3	0111	ANI X013
0043	LDI M1	0066	OUT M4	0089	ANI X011	0112	ORB
0044	ANI M2	0067	LDI M2	0090	ORB	0113	AND M8
0045	ANI M4	0068	ANI M3	0091	LD M4	0114	OUT Y001
0046	ANI M5	0069	ANI M4	0092	ANI X012	0115	END

5. 程序调试

用 FX 系列编程软件将梯形图输入 PLC 后，将 PLC 置于 RUN，运行程序，分别按下 5 个停靠站的相应按钮，观察运料小车的动作情况是否与控制要求一致，如果动作情况和控制要求一致表明程序正确，保存程序。如果发现小车运动情况和控制要求不相符，应仔细分析，找出原因，重新修改，直到小车运行情况和控制要求一致为止。

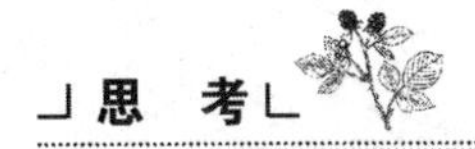

两个站点同时呼叫小车会怎样运行?

◆ **检测评分**

将学生任务完成情况的检测与评价填入表 4-2-3 中。

表 4-2-3　评分表

序号	考 核 项 目	评 定 原 则	分值	得分
1	安全文明	① 安全操作 ② 设备维护保养	10 分	
2	PLC 外部接线图	输入输出点数尽量最少	10 分	
3	PLC 梯形图	① 梯形图能实现相应控制功能 ② 格式要正确	35 分	
4	PLC 相应指令	① 能将梯形图转化成指令程序 ② 格式要正确	35 分	
5	规范操作	按要求操作	10 分	
总 分			100 分	

◆ 任务反馈

任务完成后，让学生自己做个总结，将完成情况填入表4-2-4中。

表4-2-4 任务反馈表

误差项目	产生原因	修正措施
□系统不能起动 □站台不能呼叫 □小车到站后不停止 □按下停止按钮，系统不能停止	□按钮有问题 □导线连接错误 □梯形图编写错误 □梯形图或指令输入错误	

拓展训练

设计梯形图控制三相异步电动机Y-△减压起动，要求用MOV指令实现。

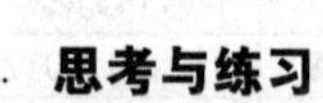

思考与练习

一、简答题

1. 功能指令有哪些组成部分？

2. 块传送指令与多点传送指令的区别是什么？

二、案例分析题

1. 分析题图4-1所示Y-△降压起动控制电路工作原理，若用PLC实现其控制，请设计I/O口，并画出梯形图。

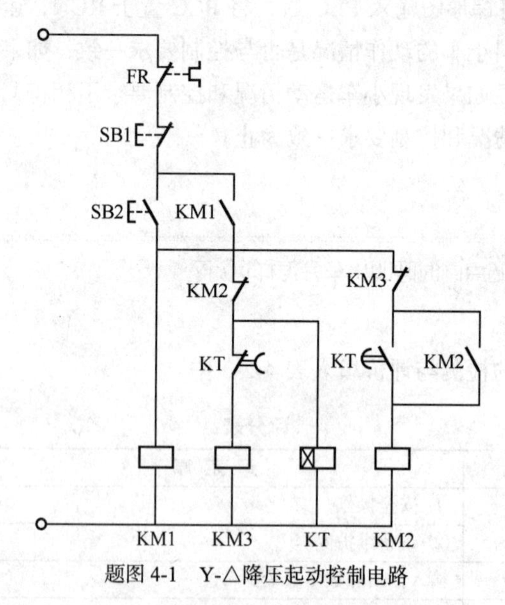

题图4-1 Y-△降压起动控制电路

2. 利用PLC实现8个指示灯从左到右循环依次闪亮的控制程序，每个指示灯闪亮时间为5s。设指示灯从左到右由Y0～Y7来控制，起动由X0实现。

3. 试用PLC实现对一台电动机的正反转控制。控制要求为：首先电动机正转起动，3s后自动反转，反转2s后自动又回到正转，如此循环；可以随时停车。要求：①写出I/O分配表；②画出梯形图。

4. 有两台电动机（KM1、KM2）需要控制。其控制要求为：KM 起动后 50s，KM2 才能启动；KM2 起动后 KM1 才停止。KM2 可以随时停止。试设计梯形图并写出指令语句。输入/输出地址分配如下：

KM1 的起动：X11	KM1 的停止：X21	KM1：Y1
KM2 的起动：X12	KM2 的停止：X22	KM2：Y2

三、画波形图

已知控制电路的梯形图如题图 4-2 所示，试根据输入 X0 波形图，画出输出波形图（输出继电器初始状态为 OFF）。

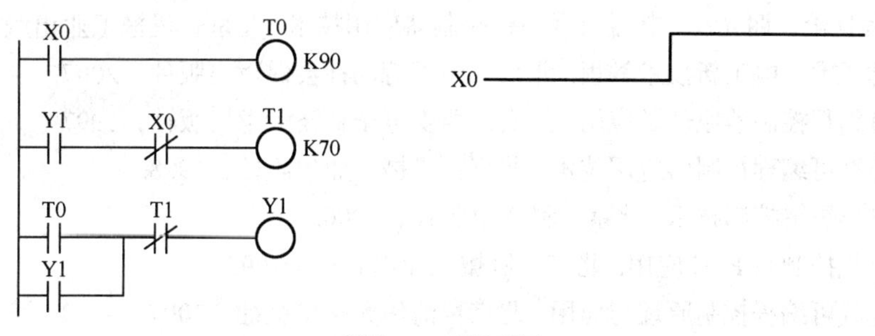

题图 4-2 画波形图

参 考 文 献

[1] 高勤. 电器及 PLC 控制技术. 北京：高等教育出版社，2008.
[2] 陈芳. 数控机床 PLC 控制技术. 北京：清华大学出版社，2009.
[3] 邓则名，程良伦，谢光汉. 电器与可编程控制器应用技术. 北京：机械工业出版社，2008.
[4] 梁耀光，余文烋. 电工新技术教程. 北京：中国劳动社会保障出版社，2007.
[5] 彭利标. 可编程控制器原理及应用. 西安：西安电子科技大学出版社，1997.
[6] 王兆义. 小型可编程控制器应用技术. 北京：机械工业出版社，1998.
[7] 熊葵荣. 电器逻辑控制技术. 北京：科学出版社，2000.
[8] 余雷声. 电气控制与 PLC 应用. 北京：机械工业出版社，2005.
[9] 王阿根. 电气可编程控制原理与应用. 北京：清华大学出版社，2007.